森づくりの
原理・原則

自然法則に学ぶ合理的な森づくり

正木　隆 著

全国林業改良普及協会

森づくりの原理・原則とは

　本書では、森林の仕組みの原理・原則をご紹介し、それに基づいて森林を考えることの楽しさを綴ろうと思います。

　仕組みとは、要するに森林の生き様のことと受け取っていただければと思います。

　世の中には、森林や樹木のことを解説した教科書があふれております。研究論文も毎日のように新しいものが世界のそこかしこで発表され、情報の更新に頭が追いつかないほどです。その1つ1つは丹念な記述や研究の成果であり、それはモウ間違いなくすばらしいものです。しかし、論文や教科書が、森林をトータルに観る目を養うことに十分役立てられているか？　現場の森林施業に活用されているか？　残念ながら筆者の見たところ、必ずしもそうではないと思います。

　そこで本書では、教科書、論文、学会発表、対話、筆者自身のデータや経験の中から、森林の生き様の背後にひそむ原理・原則となりうるものをピックアップしてまとめあげ、現場で森林のことを考えるためのヒント集のようなものを作ることを目指しました。森林の仕組みを基本的な原理と原則から考える習慣があれば、予期せぬ状況・初めて出会う状況の中でも、森林をよりよい状態にもっていくための知恵がきっとうかんでくるはずです。

　「森林をよりよい状態にもっていく」という表現を堅苦しい言葉で表せば「森林を合理的に管理し施業を行う」といった感じになるでしょう。しかし筆者としては、できるだけ柔らかくわかりやすいものにしたいと思いました。ゆえに、文章をかみくだき、

比喩も交えて書き進めるようにしています。とくに、伝わりやすさを重視して、人間にたとえるような表現も多めに使っています。これが果たして科学的な表現かというと、とんでもない、その正反対です。論文や教科書であれば、決して使ってはならない表現法です。しかし、どうかこのへんは大目にみていただけないでしょうか。本書は論文ではないし、教科書でもないので、あまり目くじらをたてることなくお読みいただければ、筆者としては大変ありがたく思います。

　昔から、林業経営の指導原則というものが知られています。主なものは、収益性原則、経済性原則、生産性原則、公共性原則、保続原則、合自然性原則の6つです。森づくりの原則は、このうちの合自然性原則を解きほぐすものです。
　合自然性原則とは、自然界の法則を尊重して林業経営を行うことを目標とするものです。しかし、これだけでは抽象的すぎてよくわかりませんし、その詳しい中身についても意外と整理されていないと思います。そこで自然の仕組みを理解するための原理と原則を整理し、それに基づいて自然法則からみて合理的な森づくりを考える……以降で述べることがそのための一助となれば幸いです。
　それでは、どうぞこの先へお進みください！

2018年3月　　　正木　隆

目次

森づくりの原理・原則とは……………………2

基礎編　第1部　日本の自然環境

原理・原則1――気候
日本の気候＝温暖多雨を知る――技術成立の土台 ……… 16
日本の気候の特徴――温暖多雨／
異なる自然環境だから成立する技術もある／

原理・原則2――森林植生
「氷河期」で理解する日本の森林植生
――ヨーロッパとの根本的な違いを知る ……………………… 19
弥生時代以前――スギ・ヒノキと常緑・落葉広葉樹の混交する森林／
氷河期の森林の主役――モミ・トウヒ・ゴヨウマツ

原理・原則3――土壌
土壌を知る5ファクター
――「森林とともに発達する」を知る ……………………………… 22
崩れやすい急斜面の地形が多い／
土壌は森林によって保たれ、発達する／
微地形が多く、A層の厚さも多様

原理・原則4――水
日本の水環境――水が豊富、湿度も高い ……………………… 25
植物にとっては水が豊富な土地／湿度も高いのが特徴

原理・原則5――森林被害
自然現象との向き合い方
――自然撹乱による森林被害は「前提条件」として捉える ……… 27
山火事／台風／自然撹乱――自然現象による森林の破壊

原理・原則6 ── 植生

潜在自然植生と原植生
── 「原植生」は化石や花粉分析から明らかにできる ……………… 30

「潜在自然植生」──未来の植生／「原植生」──過去の植生

基礎編　第2部　樹木の生態

原理・原則7 ── 生命の基本

樹木は生きている ── 観察し、性質を理解する ……………… 34

樹木が吸収する要素──二酸化炭素、水、窒素、ミネラルなどの養分／
昼にエネルギーを貯えて、夜に木は太る／
活力の高い木──たくさんの葉、旺盛な光合成／死んだ細胞が幹となる

原理・原則8 ── 芽生え

木の一生 (1) 芽生え期
── 芽生え期でほとんどが枯れる ……………… 37

莫大な数の芽生え／芽生えの姿には樹木の性質が現れる／
芽生え期でほとんど枯れる

原理・原則9 ── 稚樹

木の一生 (2) 稚樹期
── 針葉樹の幹はバネのように柔らかい ……………… 40

稚樹期の針葉樹は「柔らかい」／柔らかい理由──幹の細胞は螺旋状に配置／
暗所の稚樹──幹が細く、根が貧弱

原理・原則10 ── 若齢期、成熟期

木の一生 (3) 若齢期から成熟期
── 材は硬くなり、花を咲かせ、種子をつける ……………… 43

若齢期──葉がたっぷりと生い茂り、樹高をどんどん伸ばす／
若齢期の中頃以降──元玉から硬い成熟材に覆われていく／
成熟期──伸びは止まるが、着葉量が十分ある限り、樹勢は衰えない／
成熟期──花を咲かせ、種子をつける／
花より葉──悪環境下では花の数を減らし、葉の確保を優先する

原理・原則 11 — 老齢期

木の一生 (4)老齢期
―森林の生物や若返りに貢献する ……………… 46

老齢期―枝が存在感をもち始める／
老齢期の木が倒れて起こる２つの変化―光と苗床／
老齢木・枯れ木の価値を知る

原理・原則 12 — 寿命

樹木の寿命の見方―樹木の成長段階は直径で判断する ……… 50

短命な木、長寿の木／樹齢では判断できない樹木の成長段階／
直径で成長段階を判断する

原理・原則 13 — 樹高成長

樹高成長の法則
―樹種、土壌、気候が同じであれば、樹高成長は同じである ……… 53

密度は樹高成長に影響しない／レッドウッド―世界一の樹高／
樹高成長はいつまで続く？

原理・原則 14 — 光合成

樹木の１日
―午前中に光合成を行い、夜は幹を太らせる …………………… 56

樹木は午前中に光合成を行い、夜は幹を太らせる／
陰樹と陽樹―稚樹や芽生えの光合成能力の違い

原理・原則 15 — 葉の役割

樹木の１年 (1)葉
―６～７月に光合成の能力が最大となる ……………………… 59

落葉樹と常緑樹の"経営戦略"／
６～７月にもっとも樹木は活発に活動する―気温が重要

原理・原則 16 — 材の形成

樹木の１年 (2)材
―季節によって細胞の壁厚、数量が変わる ……………………… 61

針葉樹の材―細胞の太さ、壁厚が変化する／
広葉樹の材(環孔材)―導管の割合が変化する

原理・原則17──樹形
針葉樹と広葉樹の生き方(1)
──樹形に差が表れる ……………………………………… 63
　　樹形に生き方の差を見る／
　　樹冠の拡張──針葉樹は上へ、広葉樹は横へ

原理・原則18──吸水力
針葉樹と広葉樹の生き方(2)
──針葉樹は常に水を吸い続け、
　広葉樹は条件によって水を吸う力を変化させる ……………… 65
　　針葉樹と広葉樹の水の吸い方の違い

原理・原則19──針葉樹種間の比較
スギ・ヒノキとアカマツ・カラマツを比較する ……………… 66
　　アカマツ──天然更新が容易／
　　寿命と更新のしやすさ──スギやヒノキは1,000年、アカマツは300年／
　　土壌中の菌類との関係──スギ・ヒノキは内生菌、アカマツ・カラマツは
　　外生菌と共生／カラマツ──スギ・ヒノキより短命、更新は容易／
　　スギやヒノキは長い時間をかけて育てるほうが、本来の力を引き出せる

原理・原則20──萌芽
伐採されても再生する樹木
──根からの指令で萌芽する ……………………………… 69
　　萌芽──「休眠芽」と「不定芽」／根からの指令で休眠芽が目覚める／
　　萌芽で再生できる基準

原理・原則21──伏条、根萌芽
伏条、根萌芽──タネを使わない樹木の増え方 ……………… 72
　　植物クローン──挿し木・伏条／
　　根萌芽──地中の根から新たな芽を出す増え方／
　　挿し木、根萌芽する樹木──太い根を作りやすい

原理・原則22──種子の生産
天然林でのタネによる樹木の増え方(1)
──種子の豊凶現象がある ………………………………… 75
　　種子の豊凶とその原因／ブナ、スギ──花の観察で種子の豊凶を予測／
　　タケ・ササ──究極の豊凶現象を示す

原理・原則23―種子の飛散

天然林でのタネによる樹木の増え方(2)
―タネが広く浅くばらまかれるための仕組み ……………………… 78

　　　羽、柔らかい果肉―タネが広く浅くばらまかれるための仕組み／
　　　樹木のタネの飛散範囲―95％が30m以内

原理・原則24―低木

低木（低いままの木）
―地下部に貯えをつくる低木は伐られても再生しやすい ………… 81

　　　低木は花と実、地下部へと貯えを配分する／
　　　低木は伐採されても再生しやすい／
　　　ササは種類によって「稼ぎ」を貯える部位が違う

基礎編　第3部　森林の生態

原理・原則25―林分成立段階、若齢段階、成熟段階（天然林・人工林）

森林の一生(1)　林分成立段階～若齢段階～成熟段階
―林冠の隙間、林床植生の多少に注目 ……………………………… 86

　　　林分成立段階―森林の一生の始まり／
　　　若齢段階―林冠は樹木の葉で完全に閉鎖／
　　　成熟段階―林冠には隙間があり、林床には植生が繁茂

原理・原則26―老齢段階（天然林）

森林の一生(2)　老齢段階
―幅広い成長段階の樹木で構成される ……………………………… 89

　　　森林の老齢段階―大木が寿命や撹乱で枯れると林冠に大きな孔があく／
　　　老齢段階―芽生えから老齢木まで幅広い発達段階の樹木を含む／
　　　人工林が老齢段階に達することは現実的にはほとんどない

原理・原則27―若齢段階の密度と材積（天然林・人工林）

若齢段階での自己間引き法則
―密度が半減すると材積は1.4倍に …………………………………… 92

　　　「自己間引き」とは―隣の樹木との競争の結果で起こる／
　　　「自己間引きの2分の3乗則」―日本人が発見した生態学理論

原理・原則28 ― 成熟段階〜老齢段階（天然林・人工林）
均等配置の法則 ― 樹木配置の重要原則 ………………………… 95
発達段階が進むと樹木は自然に均等に配置される

原理・原則29 ― 更新の可否（天然林）
親木の直下では更新が起こりにくい ― 普遍的な原則 ……… 97

原理・原則30 ― 土壌環境
林床の植物から土壌環境を推定できる ………………………… 98
土壌から適した植種を選定できる／林床植物を指標に地位を推定

原理・原則31 ― 林床植物の成長パターン
林床植物
― 光合成の産物を根系へと貯え、その養分を展葉に使う ………… 103
光合成のピークは6〜8月

原理・原則32 ― つるの生態
つる植物 ― 巻き付き型と張り付き型 …………………………… 104
1年間に3〜4mも伸びることも／
巻き付き型のつるの楽園 ― 若齢段階の森林／
張り付き型のつる ― どの段階の森林でも木に取り付く

原理・原則33 ― 分布を決めるもの
樹木の分布と適地適木は同一ではない
― 各樹種の縄張り争いと複雑なプロセス ……………………… 106
スギ・ヒノキは陣取りが苦手／
前生稚樹は樹種本来の適地を反映しているとは限らない／
長い時間軸での変化をイメージする

原理・原則34 ― 養分の移動
養分移動の法則 ― 土壌から地上部へ ………………………… 109
養分は土壌から樹体内に移動する／
葉の重さ（スギ林4割、ヒノキ林2割）と窒素の割合／
老齢段階の手前まで続く養分の移動／
土壌中の窒素量は地上部の数倍以上／
大気から補充される窒素、されないミネラル

原理・原則35──埋土種子の寿命と役割
森林の世代交代に埋土種子は当てにならない …… 112
　　森林の土壌中の埋土種子／
　　樹木のタネの寿命は4～5年未満／
　　埋土種子の寿命が尽きる頃／
　　森林の世代交代には実生や前生稚樹が有効

原理・原則36──多面的機能と林分の関係
森林の多面的機能の変化
──成長とその他の機能は逆のパターンを示す …… 115
　　若齢段階では、生物多様性と水源涵養機能性は低下／
　　材積成長を解く2つの学説

原理・原則37──生物多様性の意味
生物の多様性の意味とは？　何に役立つのか？ …… 118
　　生物多様性＝「その場所で生きている生物の種類の数」／
　　バランスがとれている老齢段階の森林／
　　生物多様性は何に役立つのか

応用編　第4部　森づくり

原理・原則38──間伐の目的
間伐は目標林型を達成する手段 …… 122
　　間伐の目的──産業として人工林の生産目標を達成するため／
　　目標林型でもっとも重要な要素──目指す木の太さ／
　　目標直径の設定で目標本数が決まる

原理・原則39──間伐の直径コントロール機能
間伐で着葉量をコントロールし、直径成長を操る …… 125
　　間伐に関連する2つの原理・原則／
　　若齢段階での無間伐・間伐の比較／
　　着葉量と無間伐・間伐の関係

原理・原則40——診断の根拠となる指標
若齢段階の森林を診断する
— 3つの指標「樹冠長率」「相対幹距比」「収量比数」で評価 ………… 128
  樹冠長率—最低40％、理想は60％／
  相対幹距比—17〜22％が最適／
  収量比数—密度管理図で読み取る／森林の診断に樹高情報が必須

原理・原則41——形状比（樹高と直径の比率）
形状比—風害や冠雪害のリスクを表す指標 ……………………… 131
  形状比80以上は高リスク／
  樹冠疎密度は樹木の健全性とは関係しない

原理・原則42——間伐率
間伐率の考え方 ……………………………………………………… 134
  間伐率は何割にしたらいいのか／
  生産目標によって間伐率は変わる／
  「育てる木」を決めてから妨げる木を間伐する発想／
  間伐率が指定されている場合

原理・原則43——列状間伐
列状間伐
—「若齢段階で1回のみ行う」が森づくりの原則 …………………… 137
  列状間伐—個性を見ず、量（列）で伐る／
  森づくりの原則に合わない点／
  「列状間伐は若齢段階で1回のみ」を原則に

原理・原則44——密度管理図
密度管理図の原理・原則—有効なケースを知る ……………… 140
  密度管理図—自己間引きの理論を応用／
  密度管理図の3つの不具合／密度管理図が有効な場面

原理・原則45——間伐と多面的機能
間伐と多面的機能の関係
—多面的機能が高く、成熟段階に近い林相を間伐でつくる ……… 143
  林内の光が多面的機能を高めてくれる／
  間伐が水源涵養機能を高める／
  間伐で花粉生産量を低減させるための条件

原理・原則46——樹冠（広葉樹）
広葉樹林の目標林型と間伐のポイント
——樹冠が広がる性質を知る ……………… 146
「頂芽優勢」に沿った間伐方法とは／
皆伐後の再造林時の植栽密度の考え方／
樹冠長率より力枝の枝下高が指標となる／
間伐すべき木は上層木。中層木、下層木は残す／育てる木は早めに選ぶ

原理・原則47——二酸化炭素
二酸化炭素の吸収と蓄積
——気候帯、土壌タイプ、森林の発達段階で異なる ……………… 149
大気中の二酸化炭素濃度を高めた森林伐採／
炭素は森林のどこに貯まるか？／
老齢林の倒木も炭素貯留に重要な役割／
炭素増加量と森林の発達段階の関係

原理・原則48——生産目標と伐期
伐期の決め方——生産目標で決める ……………… 152
齢よりサイズ（胸高直径）が重要／成長曲線と収穫効率／
現行システムと現実との大きな乖離

原理・原則49——適地適木
適地適木の判断基準
——樹木の土壌水分等への反応が決め手 ……………… 157
スギ、ヒノキ、アカマツの土壌水分への反応／
広葉樹は過敏に土壌水分に反応／適地適木の要因——土壌、多雪など

原理・原則50——皆伐面積
皆伐面積の決め方
——自然撹乱による破壊・再生パターンから判断する ……………… 160
皆伐——森林を一時的に破壊し、植林等で再生すること／
自然摂理の範囲内での皆伐目安——50年伐期は約1ha以内、
120年伐期は約2ha以内

原理・原則51——地力低下
皆伐と地力低下の関係——養分を保つ工夫 ……………… 163
全木集材による地力低下／地力の低下を回避し、養分を保つ方法

原理・原則52──初期保育

初期保育の適期
──根系の貯え、植物が「寝ている」時期に行う ……… 166

植物を叩く──貯えの量が少なくなる6~7月に行う／
植物を育てる──植物が「寝ている」秋~冬に作業を行う

原理・原則53──皆伐方法

自然撹乱を模倣した皆伐方法
──木を残す施業と複相林 ……………………………… 169

木を残す施業──皆伐時に木を多く残しておく施業法／
複相林──大面積での撹乱を避け、より小面積の伐採区を散らす方法

原理・原則54──混交林

スギ・ヒノキ人工林＋広葉樹の混交林
──その難易度と可能性 ………………………………… 172

50年生前後の若齢段階からの混交は難しい／
多雪地帯のスギ＋広葉樹混交林／成熟段階以降の広葉樹との混交

原理・原則55──天然更新

天然更新の難易度と方法 ……………………………… 175

皆伐後の天然更新は難しい──天然更新を邪魔する植生が繁茂する／
天然の稚樹が育つ環境をつくる──上木を択伐する

原理・原則56──天然更新と林業経営

「皆伐後、放置しても森林に戻る」嘘か誠か
──材を生産する立場からは、皆伐後の天然更新は避ける ……… 178

材を生産する立場からは、皆伐後の天然更新は避けるべき

原理・原則57──シカ個体数増減

シカ個体数増減の法則 ………………………………… 180

シカが増加した複数の要因／シカの個体数が自然に減ることはない

原理・原則58──目標林型モデル

森づくりの原則の参考モデル──明治神宮の森 ……… 182

計画的に植栽し、天然林状態を創り出した設計方針とは／
その1　自然の仕組みに忠実／その2　途中段階、最終段階の目標林型
が明確／その3　樹種の選択が適切

原理・原則59──森林管理と目標林型

「配置の目標林型」とは──その4原則 ………… 185
　　原則1　地位と地利に基づく森林の機能の配置／
　　原則2　渓畔林は木材生産の場としない／
　　原則3　地位の低い場所では無理に木材生産は行わない／
　　原則4　生物多様性の保全──広葉樹林は大面積で一体的に配置する

原理・原則60──疑う姿勢

「定説を常に疑う」姿勢が大事
　──従来の指標や考え方は新しく塗り替えられる ………… 187
　　　定説がくつがえった例──樹高成長曲線の補正／「定説を疑う」

原理・原則61──正解のない森づくり

最も重要な4つの森づくりの原理・原則 ………… 189
　　その1「生物として森を見る」／
　　その2「大事なことは何1つわかっていない」／
　　その3「やってはいけない森づくり」／
　　その4「正解はない」

　結びにかえて ………………………… 192
　索引 ………………………………… 194

基礎編
第1部

日本の自然環境

　樹木や森林の話をする前に、日本の環境の話をしようと思います。いわば、本題に入る前の前口上です。日本の森林を語る上で、自然環境の話はやはり大事なので、最初にちょっとだけお付き合いください。

原理・原則

□気候、森林植生
□土壌、水
□森林被害
□植生

原理・原則1―気候

日本の気候＝温暖多雨を知る
－技術成立の土台

Point

① 日本の気候の特徴は、温暖多雨であること。
② ドイツやスイスの技術には、日本とは異なる自然環境だからこそ成立するものが含まれている。

　林業は、農業のように整備された圃場で行えるものではありません。いわんや、屋根付き、エアコン付きの工場で営まれるものなどではありません。完全に自然環境そのままの中で行う産業です。農業のように肥料を与えて土壌を改良するようなことですら、林業では非現実的です。

　だとすれば、林業を営んでいくためには、自然環境の特徴をよく理解しておく必要があるわけです。そこで、まずは気候のことから考えてみましょう。

日本の気候の特徴－温暖多雨

　日本の気候の特徴は、よくいわれるように温暖多雨であることです。次頁の図1をご覧あれ。この図は「黒い森」で有名なドイツのシュヴァルツヴァルトに近いフライブルク市、天然杉で知られる秋田県の県庁所在地の秋田市、飫肥林業で知られる宮崎県の県庁所在地の宮崎市の1年間の気候条件を比べたものです。

　宮崎市の気候条件を見ると、夏の平均気温が25℃以上と暑く、6月の梅雨の時期と9月の台風シーズンに大量の雨が降っていることがわかります。秋田県も夏の平均気温が25℃に達するので意外と暑い土地柄です。梅雨や台風による大量の雨はありませんが、秋から冬にかけて多めの降水が見られます。11月から2月にかけては雪がほとんどだと思います。年

間の降水量は、宮崎市で約2,500mm、秋田市で約1,700mmなので、豊富な水資源が空から降ってきている場所といえるでしょう。

では、フライブルク市の気候はどうでしょうか？

まず夏の平均気温は20℃ぐらいでそれほど高くありません。一方、冬の平均気温は秋田市よりも高いので、年間を通じて比較的穏やかで過ごしやすい気温だといえます。月間の降水量は100mmを超えることは稀です。宮崎市の冬の月降水量に近い量の雨が、年間を

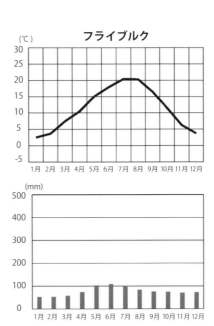

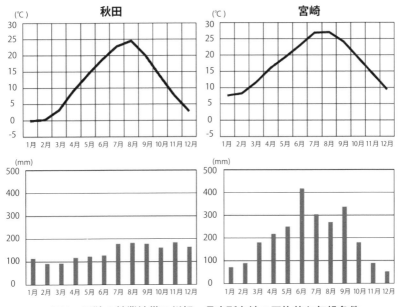

図1 日独の林業地帯の州都・県庁所在地の平均的な気候条件

通してコンスタントに降るような感じです。夏の降水量は宮崎市の1/3～1/4程度、秋から冬にかけての降水量は秋田市の1/2程度、年間のトータルの降水量は900mm程度で、日本の林業地帯に比べると、降水量がかなり少ないことがわかります。

　つまり、ドイツの気候は年間を通じて穏やかであり、また湿気も少なくてサラッとしているのです。実際にドイツを訪れたことのある方は、これを実感・体感されたことがあるのではないかと思います。

　このように、日本とドイツ（をはじめとするヨーロッパ）の気候条件は、かなり異なっています。簡単にまとめると、日本はドイツよりも温暖で水も豊富にあり、植物の生育にとっては天国のような環境である、ということです。ただし、北海道の道東、中部地方の内陸部、瀬戸内海沿岸など、例外的に雨がやや少なめの地域もありますが。

異なる自然環境だから成立する技術もある

　さて、林業の先進事例として、ドイツやスイスの取り組みが紹介されることがよくありますね。確かにこの国々での取り組みは、日本においてもいろいろと参考になると思います。

　しかし一方で、ドイツやスイスでうまくいっている技術の中には、日本とは異なる自然環境だからこそ成り立っているものが含まれていると考えたほうがよいでしょう。そして、実際、そういう技術があると筆者は思っています。それらについては、本書の頁をめくるうちに少しずつ読者の皆様なりに見えてくるものがあるかもしれません。どうかこのまま本書を閉じずに読み続けていただければ幸いです。

基礎編　第1部　日本の自然環境

原理・原則2―森林植生

「氷河期」で理解する日本の森林植生
―ヨーロッパとの根本的な違いを知る

Point

① 日本では、スギやヒノキが氷河期も生き残り、その集団が核となって、スギやヒノキが再び栄えるようになった。

② ドイツやスイスでは、氷河期のときに繁栄していたマツやトウヒがいまだに森林の主役となっている。

前節では気候について概観しました。次に、日本に生育している植物について、おおざっぱに眺めてみましょう。これもまた、ヨーロッパと日本では、大きな違いがあるのです。

弥生時代以前―スギ・ヒノキと常緑・落葉広葉樹の混交する森林

日本列島の人口が急に増え始める前、つまり弥生時代よりも前の西日本にはスギやヒノキの巨木がたくさん生えていたと想像されます。法隆寺や東大寺がヒノキの大径木でできているのを考えると、当時それだけの建築を可能とするだけの天然ヒノキの資源が国内に豊富にあったと見るべきでしょう。土の中からその当時の巨大な根株が出てくることがあるのも、それを裏付けています。ただしスギやヒノキの純林ではなく、常緑・落葉の広葉樹の混交する森林だったと考えられます。

後でも述べますが、スギやヒノキはヒノキ科に属する針葉樹で、温帯性針葉樹と呼ばれる一団を代表する樹木です。スギやヒノキの仲間は日本のほか、台湾や北米西海岸など、太平洋をグルッと取り囲む中の年間降水量の多い地域に分布しています。

一方のヨーロッパには、スギやヒノキの仲間はまったく分布していません。その代わり、マツ、モミ、トウヒ、カラマツの仲間が広く分布してい

ます。マツ、モミ、トウヒ、カラマツはもちろん日本にも生えています。しかし弥生時代の前は、スギやヒノキに比べるとそれほど多くはなかったようです。

氷河期の森林の主役－モミ・トウヒ・ゴヨウマツ

　しかし、もっと時計を巻き戻してもっとも近い氷河期（約1万年前。最終氷期といいます）にまで遡ると、当時は日本でもモミ、トウヒ、ゴヨウマツなどが森林に多かったことがわかっています。スギ・ヒノキは少数派でした。つまり、最終氷期が終わって気温が上昇し、気候が穏やかになるとともに、モミ・トウヒ・ゴヨウマツなどからスギやヒノキなどの植生が置き換わっていったのですね。

写真1　ドイツのヨーロッパモミ・トウヒ林

そう考えると、主にモミやトウヒが天然に分布するドイツやスイスの森林は、今でもまるで最終氷期のときの植生がそのまま残っているかのようです。いや、実はそういっていいのかもしれません。ヨーロッパ大陸では氷河期に気候が寒冷化して植物が南方に逃れようとしたとき、そこにはアルプス山脈やピレネー山脈がズンとそびえており、植物の多くはそれを越えることができずに絶滅してしまったと考えられています。もちろん、広葉樹も同じ運命をたどりました。その後、最終氷期が終わって気候が温和になったのですが、やはり両山脈が邪魔をして南から植物がなかなか戻ってこられませんでした。その結果、最終氷期のときに繁栄していたマツやトウヒがいまだに森林の主役となっているのです。もちろん樹木だけではなく、草の仲間も多くが絶滅したまま回復していないようです。

　しかし日本では、南北の移動を妨げる山脈もなかったため、スギやヒノキは最終氷期の間もほそぼそと生き残っていました。最終氷期が終わると生き残っていた集団が核となって、わりと速やかにヒノキやスギが再び栄えるようになったのです。

　このように日本とヨーロッパでは、本来の森林植生（後述するように「原植生」といいます。30頁参照）の姿がまったく異なっているといえます。

　余談ですが、氷河期というとその呼び名から日本も全体が氷で覆われていたようなイメージをおもちかもしれません。しかし実際にはそんなことはありませんでした。気温が全体的に低い状態が続いてはいましたが、普通に森林が分布していたと考えられています。

原理・原則3―土壌

土壌を知る5ファクター
－「森林とともに発達する」を知る

Point

1. 土壌の性質は、地質（母材）、地形、気候、生物（植物）、時間の5つのファクターで決まる。
2. 地殻変動や多雨などの影響で、崩れやすい急斜面の地形が多い。
3. 土壌は森林を育てる基盤であり、森林によって保たれ、発達する。

　森林が育つ基盤として、気候条件とともに大切な土壌について見てみましょう。土壌は、表面から下に向かって腐植の多いA層、腐植の少ないB層、ほぼ岩礫のみのC層、という構造をもっています。もっとも重要なのはA層です。この層が厚いほど、また、この層に窒素やリンなどの栄養分が多いほど、植物にとってはよい土壌です。

　さて、土壌の性質は5つのファクターで決まります。それは、地質（母材）、地形、気候、生物（植物）、時間です。日本の気候と生物（植生）の特徴についてはすでに述べました。母材とは、ひらたくいうと溶岩、岩石、火山灰、要するに鉱物です。では、地形についてはどうでしょうか？　これも、日本ならではの際立った特徴があります。

崩れやすい急斜面の地形が多い

　日本列島は、世界の中でも地殻変動の激しいエリアに位置しています。地中のマグマの噴出による火山形成と火山灰の降下、プレートの移動などにともなう地殻の上下動、それによる山の隆起や破砕、などが日常的に起こっています。それに多雨環境や地震による振動が加わります。その結果、斜面の崩壊や土石流が発生し、土砂の移動と堆積をもたらしています。

そのため、崩れやすい急斜面の地形が多いのが日本の特筆すべき個性です。ですから侵食を受けやすく、一度森林がなくなると表土が流亡し、それがまた森林の回復を遅らせる……という負の連鎖に陥りやすく、そうなると最終的に土壌の消失してしまったハゲ山となってしまいます。とくに地質が花崗岩だと、こうなる恐れが強いですね。戦前まではそのようなハゲ山が西日本ではよく見られました。

土壌は森林によって保たれ、発達する

5つの要素のうち、時間に注目してみましょう。土壌がまったくないところでは、土壌の形成は母材が風化して細かくなるところから始まります。初めのうちは地衣類やわずかな草、あるいは大気中の窒素を利用できる植物（ハンノキなど）くらいしか生育しません。こういった植物の葉が枯れ落ちて土壌有機物となり、粘土鉱物（風化して非常に細かくなった鉱物です）と結びついて土壌粒子となります。これが蓄積されることで土壌の形成が進みます。ハゲ山の状態から、土壌のA〜B層が発達し木が自然に生い茂るようになるまでには、人手をかけても200〜400年かかると見られています。自然の力にゆだねるだけだと、もっと長い時間がかかることでしょう。一度土壌が失われると、取り戻すのは容易な

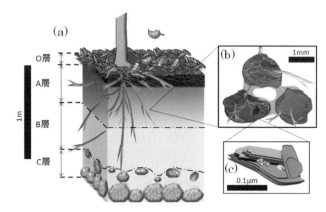

図2　土壌構造の図

異なる空間スケールでみた土壌の構造。典型的な土壌断面（a）では1m前後でC層に達する。土壌の団粒構造（b）は有機物に富むA層で顕著に観察され、その構造は主に微細な鉱物粒子（c）によって構成されている。

（正木 隆・相場慎一郎編『森林生態学』
共立出版株式会社、2011　第5章からの転載）

ことではありません。

　このように、土壌は森林を育てる基盤であるとともに、森林によって保たれ、発達するのが原則です。日本列島の地質、地形、気候の特徴を考えると、このことを心して意識しなくてはならないと思います。

微地形が多く、Ａ層の厚さも多様

　さて、日本列島の地質と地形のもう１つの特徴は、それが狭い範囲で大きく変化することです。皆様もご存じのとおり、日本の山は急斜面が大変多いのですが、谷から急斜面を数十ｍ登ったら、そこは平らな尾根だった……なんてことも珍しくはありません。とてもわずかな標高差なのに、水分環境から見ると、乾燥した熱帯サバンナと湿潤な多雨林くらいの違いがあります。日本はこういう微地形がほんとうに多い。

　水分環境だけではなくＡ層の厚さも地形によって変化します。斜面下部は上から移動してきた土壌がたまります。緩やかな尾根や台地では土壌が移動することもなく残ります。その結果、斜面下部や緩やかな尾根・台地上にはＡ層の厚い土壌が形成されます。一方、斜面では土壌が常に移動するため、Ａ層の薄い土壌となります。斜面が急なほど、これは顕著です。当然、このような場所の土壌はあまり肥沃とはいえません。

　樹木、というよりも植物全般の成長に重要な栄養分は窒素、リン、硫黄などの無機養分です。たとえば窒素は、１年間に１ha当たり100〜200kgが森林の維持・成長に必要といわれています。これらは、降雨によって土壌に追加され、あるいは母材の風化によって土壌に加わりますが、そのペースは非常にゆっくりです。これでは森林が必要とする分をとてもまかないきれません。そこで樹木は自ら落とした葉や枝が分解されて土壌に還る栄養分を再利用しています。こういった落葉を介した物質の循環がスムーズに行われている森林生態系は健全といえるでしょう。一方、この循環を妨げるものもありますが、それについては、応用編にて後述することといたしましょう。

基礎編　第1部　日本の自然環境

原理・原則4―水

日本の水環境
―水が豊富、湿度も高い

Point

① 日本は植物にとっては水が豊富な土地である。

② 雨や雪だけではなく、湿度も高いのが特徴。

日本の気候を特徴づける雨と雪について、もう少し述べてみたいと思います。

植物にとっては水が豊富な土地

すでに述べたとおり、日本海側は冬の降雪、太平洋側は夏から秋にかけての台風による豪雨、さらに梅雨と秋雨があり、日本は植物にとっては水が豊富な土地といえます。

とくに日本海側に降る雪は世界的に見ても桁外れの量を誇ります（写真2）。日本海には暖かい対馬暖流が流れ込んでおり、そのため、大陸からの冬の季節風は日本海を通過するときに水蒸気をたっぷりと受け取ります。その季節風が日本列島について山地にぶつかり、強制的に上昇させられるときに降雪をもたらします。ちなみに、日本の上空を通過する冬の季節風の強さは、世界最強ともいわれています。東アジアでほかに1m以上の積雪があるのは、中国の長白山くらいです。しかし、日本で1mを超える積雪は、日本海側ではごく当たり前のことです。

この積雪は、春の訪れとともに解け始め、いわゆる雪解け水を供給します。したがって、山の樹木は春に目覚めたら足元には水がたっぷりあ

写真2　世界的にも稀な豪雪地帯の日本ならではの光景
（新潟大学　本間航介さん提供）

るという状況です。樹木がもっとも水を吸うのは春の芽吹きから夏にかけてなので、この環境は樹木にとっては最高でしょう。ただし反面、雪はその重みや積雪後の移動で樹木を傷つけることもあります。

　雪に限らず、雨もあまりに降ると斜面崩壊などにつながることがあります。物事にはいい面もあれば、必ず悪い面もあるわけです。コインの表裏のようなものですね。これは、自然界を貫く原理・原則の1つです。

湿度も高いのが特徴

　そして日本は、雨や雪だけではなく、湿度も高いのが特徴です。図3に示すように、日本の夏の湿度はゆうに70％を超え、冬には湿度が少し下がります。しかしヨーロッパは逆で、夏の暑い時期よりも、冬の寒い時期のほうがむしろ湿度が高い。つまり、日本の夏は実感のとおりに、大変蒸し暑いのです。熱帯のジャカルタは湿度が年中80％前後、平均気温は28℃くらいですから、鹿児島の夏は、まさに熱帯並みの気温と湿度ということになります。札幌の夏も、気温こそ鹿児島よりも涼しいものの、湿度はかなり高いことが見てとれます。一方、気温と湿度がともに高い季節はヨーロッパのアルプス山脈以北にはありません。

　このように日本の森林は水環境という点では、温帯域では世界的にも珍しいほど恵まれた（恵まれすぎた）状況にあるといってよいでしょう。ただし、空梅雨など時々水不足に陥る年もあります。これが森林に及ぼす影響については後述することといたします。

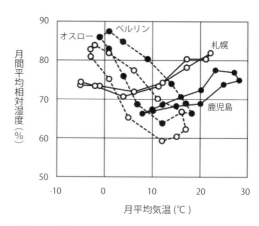

図3　日本とヨーロッパの都市の平均気温と相対湿度の比較

基礎編　第1部　日本の自然環境

原理・原則5－森林被害

自然現象との向き合い方
－自然撹乱(かくらん)による森林被害は「前提条件」として捉える

Point

1. 日本の気候には、樹木の成長に好適な条件だけではなく、その成長を妨げる条件もある。
2. 自然撹乱による森林被害は「前提条件」として捉える。

　前節で日本の森林はあまり水に不自由しないことを述べました。では、日本の森林は万々歳かというと、残念ながらそうでもありません。日本の気候には、樹木の成長に好適な条件だけではなく、その成長を妨げる条件も結構さまざまなものがあります。

山火事

　北日本でも、それほど雪の量が多くない地域があります。岩手県の北上山地から福島県の阿武隈山地にかけての地域、とくにその南半分の地域では、冬の積雪量はそれほど多くありません。春に樹木が芽吹くときには、もう雪が解けてなくなっていることが普通です。北海道の道東、中部地方の内陸なども同じような土地柄です。春先なので湿度はまだ低く、そして林床に雪がない……となれば林内はカラカラに乾いています。山火事が起こりやすいのは、まさにこういう環境です。実際、東北地方の過去の山火事を見ても、太平洋側では頻発していますが、日本海ではそれほど多くありません。とはいえ、たとえばアメリカ西海岸での山火事と比べれば、その規模は小さなものです。恵まれた水環境のおかげですね。

台風

　山火事のほかに森林の脅威となるのは、風です。とくに台風の上陸にともなう強風は森林に大きな被害をもたらします。もちろん台風は雨をもたらしてくれるありがたい面もあります。運んでくるのが雨だけならばよいのですが、強風はちょっと余計ですね。

　台風は頻繁に日本にやって来ます。そのため、日本の樹木はある程度の強風には慣れて（？）います。それでも数十年に一度というレベルの強い台風が来ると、森林に大きな被害が発生することがあります。昭和29年の洞爺丸台風による北海道の森林被害、昭和34年の伊勢湾台風による伊勢神宮や中部地方の森林被害、平成3年の19号台風による九州や東北地方の森林被害などがよく知られているところでしょう。雨にしても、あまりにたくさん降ると斜面崩壊につながります。何事も過ぎたるは及ばざるが如し、といえますね。

写真3　平成3年19号台風による森林被害

自然撹乱－自然現象による森林の破壊

　このように、日本の森林は水や温度に恵まれている反面、その一方で森林の脅威となる自然現象もたくさん存在します。自然現象による森林の破壊を、専門用語では自然撹乱(かくらん)といいます。

　台風の進路を変えられたらいいのになどと夢想しても、今の人間の科学力ではとうていできません（いや、おそらく未来永劫無理でしょう）。となると、人の手による森づくりにおいても、自然撹乱による森林被害を単なる不運として捉えるのではなく、日本の自然環境のある１つの側面として捉え、それを前提としていくのがよいと思います。

　自然撹乱が日本において、どのような頻度で（＝何年に１回か？）、どのような規模で（＝何haに及ぶか？）、どのような強度で（＝ha当たり何立米倒れるか？）起こるのか……これを知ることは、各地域の森づくり、とくに皆伐の方法を考える上で重要な意味があります。詳しいことは後で述べることといたしましょう。

原理・原則6―植生

潜在自然植生と原植生
―「原植生」は化石や花粉分析から明らかにできる

Point

1. 潜在自然植生は、現存の植生が土地の条件が一定のまま発達（専門的には「遷移」という）し続けたときに到達すると予想される植生のことを指している。

2. 原植生は、化石や土壌中の花粉の分析などから、ある程度具体的に姿をイメージすることができる。

日本のもともとの植生は、スギ・ヒノキ（そのほかにもコウヤマキなど）の針葉樹と常緑・落葉広葉樹が混交した森林だったらしい……このことはすでに述べました。

森林に多少なりとも詳しい方なら、ここで疑問に思うのではないでしょうか？　日本の潜在自然植生は、北海道や山岳の高標高域を除けば、常緑または落葉の広葉樹林なのではないか、と。

「潜在自然植生」―未来の植生

樹木の苗を植林して自然を再生する取り組みは、日本の各地で見られますが、そのときによく出てくる言葉が「潜在自然植生」です。一種の目標像となっていますね。そして、植林されているのは、ほとんどの場合広葉樹です。その場所の潜在自然植生が広葉樹林と考えられているため、広葉樹が植栽されるわけですね。

少し難しくなりますが、潜在自然植生は、現存の植生が土地の条件が一定のまま発達（専門的には「遷移」といいます）し続けたときに到達すると予想される植生のことを指しています。ですから、潜在自然植生とは、未来の植生であり、誰も見たことのない植生です（鎮守の森が潜在自然植生に近

いという考え方もありますが、筆者はそうは思っていません。ここでは詳しく述べませんが)。とはいえ、筆者も日本の多くの地域では、潜在自然植生は、おそらく広葉樹林になるだろうと思います。

「原植生」－過去の植生

　一方、人が森林を伐って、あるいは燃やして土地の利用を始める前にそもそも分布していた植生は、専門用語では「原植生」といいます。原点の植生、という意味ですね。このことから、原植生は過去の植生です。もちろん誰も見たことはありません。しかし、化石や土壌中の花粉の分析などから、ある程度具体的に姿をイメージすることができます。つまり、日本のもともとの植生であったスギやヒノキと広葉樹の混交林というのは、「原植生」のことなのです。

　次頁の写真4は、映画「もののけ姫」の冒頭のシーンに登場したような東北の森林です。見てのとおり、そこは一面の落葉広葉樹林。この映画の趣旨から考えて、冒頭の森林は、人間が自然をそれほど改変することなく調和して生きている中での森林の姿をイメージしているのだと思います。この絵のモデルとなったのはどうやら白神山地のブナ林らしいので、手付かずのブナの老齢林（後述）が大昔は日本中に広がっていた、という設定なのでしょう。

　仮に白神山地として、そこの原植生は果たしてどのような姿だったのでしょうか？　実はそれほど簡単な話ではありません。3,000年ほど前までは、映画のとおりブナとナラの森林が広がっていたようですが、その後2,000年の間に少しずつスギが自然に増え、今から1,000年ほど前にはスギやヒバとブナ・ナラの混交林が存在していたと考えられています（その後、人が増えたためにアカマツなどの二次林に変わります）。したがって、人が森林をいじる直前を原点と捉えるのならば、原植生はスギと広葉樹の混交林ということになります。東北地方にはその片鱗がまだ少し残っている場所があります（次頁、写真5）。ただし、もっと以前を原点とするのであれば、ブナ林を原植生と見なしてもかまわないでしょう。

このように、自然の本来の姿ですら時とともに移ろい、一定の形にとどまることはなかったのです。そう考えると、たとえば、森林を自然に近い姿に保ちながら林業を行おうとする場合、その「自然に近い姿」を客観的に決めることはムズカシイ、というのが筆者の意見です。そこには主観的な価値判断が入ることになるでしょう。大切なことは、簡単に決めつけずにとことん考えぬくことだと思います(何事にも当てはまることですが)。

写真4　東北地方の奥深くにまだ残るブナを主とした落葉広葉樹林
後述する老齢林の段階です。

写真5　七座山（秋田県）の斜面にあるスギと広葉樹が混交する老齢林

基礎編
第2部

樹木の生態

　さて、ここからは樹木の生態について、とくに林業や木材産業に関連するところに焦点を当てて、見ていこうと思います。

　林業は森林の樹木を育て収穫する営みです。林業の目的（収益を上げること、地域へ貢献すること、など）を達成できるかどうかは、究極のところ、森林の樹木が健全に育つかどうかにかかっているといってよいでしょう。

原理・原則

- □ 生命の基本
- □ 芽生え、稚樹
- □ 若齢期、成熟期、老齢期、寿命、樹高成長
- □ 光合成、葉の役割
- □ 材の形成、樹形、吸水力
- □ 針葉樹種間の比較
- □ 萌芽、伏条、根萌芽
- □ 種子の生産、種子の飛散
- □ 低木

原理・原則7―生命の基本

樹木は生きている
―観察し、性質を理解する

Point

1. 樹木は生きていくために二酸化炭素と水、そして窒素やミネラルなどの養分を吸収する。
2. 樹木は二酸化炭素を吸い、光エネルギーを利用して光合成と呼ばれる化学反応を行い、水と炭素を合成して炭水化物を作る。
3. 葉をたくさんつけて光合成を盛んに行う木は、活力が高い。
4. 死んだ細胞は、樹体の外に出さず、内部に保存されて幹となる。

いうまでもなく樹木は生き物です。したがって樹木を健全に育てるためには、あくまでも「生きているもの」として樹木を眺め、観察し、性質を理解するように努める必要があります。これこそが、森とつきあう上でもっとも重要な原理・原則だと考えています。

以下、そのうちでもっとも根本的なところを再確認いたしましょう。

樹木が吸収する要素―二酸化炭素、水、窒素、ミネラルなどの養分

生き物である以上、もっとも大切なことは「食べること」です。ヒトの場合は3度の食事（人によっては2回でしょうか？）をバランスよく適量でとることが健康を保つ秘訣です（プラス適度な運動ですね）。

樹木が生きていくために摂取（正確には、吸収）するのは主に二酸化炭素と水、そして窒素やミネラルなどの養分です。中でも、二酸化炭素に含まれる炭素は樹体の重さの約半分を構成します。もっとも重要な物質といってよいですね。

では、具体的にどのように二酸化炭素を使っているのか、簡単に見てみ

ます。

昼にエネルギーを貯えて、夜に木は太る

　樹木は空気中の二酸化炭素を吸い、光エネルギーを利用して光合成と呼ばれる化学反応を行い、水と炭素を合成して炭水化物を作ります。ちなみに光は全色を使うわけではありません。もっぱら赤色光と青色光が使われます。緑色光は使われずに、葉の表面で反射したり、あるいは葉を透過します。だから、人の目に葉は緑色に見えるわけです。

　さて、もう少し詳しく見てみましょう。まず、昼間。葉は、光エネルギーを使って根から吸った水を分解し、その過程でエネルギーを得ます（このときに余った酸素を放出します）。そして、そのエネルギーと水を使い（水をさらに必要とするわけです）、葉の小さい孔（気孔といいます）から吸った二酸化炭素を材料に糖やデンプンを作ります。この糖やデンプンに貯えられたエネルギーこそが、樹木の生命活動の源となります。

　そして夜。昼間に得たエネルギーや水を使って、樹木は細胞分裂を行います。細胞の数が増えるので、要するに太ります。樹木は夜に太るのです。昼間は光のエネルギーを貯える時間なのですね。

活力の高い木−たくさんの葉、旺盛な光合成

　ヒトであれば口から食物を取り入れます。木の場合、葉で光エネルギーと二酸化炭素を、根で水や養分を得ます。そして、それを使って生命活動のためのエネルギーに変換するのは、葉です。したがって、葉がたくさんあればあるほど、光合成を盛んに行い、よく成長するといえます。

　食欲の旺盛なヒトは活力に満ち溢れたヒトです。同じように葉をたくさんつけて光合成を盛んに行う木は、活力の高い木です。これが、樹木という生命を考える上で、もっとも基本的な、そしてもっとも重要な原理・原則といえるでしょう。

死んだ細胞が幹となる

　おっと、1つ重要なことを忘れていました。ヒトが排泄などで老廃物を体外に出さなければならないように、樹木もそれをやらなければなりません。樹木の場合、落葉、樹皮、古い根などがそれに該当しますが、もう1つ、見落としてならないのは材です。

　樹木の幹で生きている部分は、極端な話、樹皮のすぐ裏の部分だけです。そこには形成層というものがあって細胞分裂を行っており、内側に向けて木部となる細胞を作っています。この細胞はやがて死にますが、老廃物として排泄されることはなく、そのまま内部に保存されて材となります。人間はこれを収穫して木材として利用するわけです。

　光合成は草も苔もシダも行います。しかし、内部に死んだ細胞を保持するのは樹木ならではの生き方です。それによって、常に大きく太り、高くならなければならない宿命を背負っています。これこそが、樹木を樹木たらしめる一番大きな特徴だと思います。

　次節からは、そんな樹木の一生を眺めてみましょう。

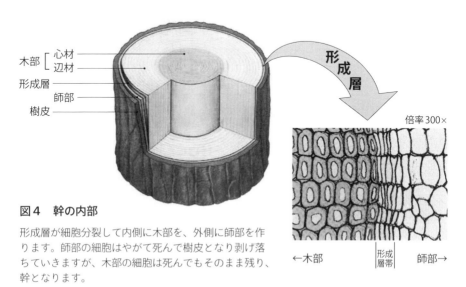

図4　幹の内部
形成層が細胞分裂して内側に木部を、外側に師部を作ります。師部の細胞はやがて死んで樹皮となり剥げ落ちていきますが、木部の細胞は死んでもそのまま残り、幹となります。

（全国林業改良普及協会編「森を知るデータ集No.1　森林のすがた」
全国林業改良普及協会、2007の収録図を改変）

基礎編　第2部　樹木の生態

原理・原則8－芽生え

木の一生　（1）芽生え期
－芽生え期でほとんどが枯れる

Point

1. 面積1haの林分に、何百万、何千万と芽生える。
2. 芽生えの姿には、その樹木の性質がすでに現れる。
3. 樹木は、芽生えの段階でほとんど枯れてしまう。

　多くの人は気がつかないのですが、森の中には樹木の芽生えが意外と生えているものです。とくに早春から初夏の前にかけて、森には樹木の芽生えが無数に新しく生えてきます。

莫大な数の芽生え

　植物にとってタネ、あるいは種子は、硬い皮に守られた安全な状態です（もちろん、菌に侵されたり動物に食べられたり、といったリスクはありますが）。しかし、タネが皮を破って発芽した瞬間、植物は自らの葉で光合成を行い、自立しなければならなくなります。もしも光合成を十分にできなければ生命を維持できず、枯れていくしかありません。面積1haの林分では、年によって変動はありますが、春には何百万本、何千万本という樹木の芽生えが新たに出てきているはずです。これが森のなかで毎年繰り返されます。莫大な本数の芽生えが森のなかに出現しているわけです。

　しかし、成木となれるのは、1ha当たりせいぜい数百本にすぎません。1本の芽生えが成木になる確率をざっと計算すると、10万分の1、あるいは100万分の1となります。種子が発芽して芽生えになった瞬間は、成木になれる見込みのほとんどない困難な人生（樹木ですから木生でしょうか？）を歩み始めた、真に劇的な場面なのです。

芽生えの姿には樹木の性質が現れる

　芽生えの姿には、その樹木の性質がすでに現れます。原則は単純で、大きな種子は大きな芽生えとなり、小さな種子は小さな芽生えとなる、です。写真6の左と右上はオニグルミとカツラです（どちらも発芽してから1カ月くらい）。クルミのタネは人間の食料にもなるほど栄養豊富で大きいので、それを元に作られる実生は、芽生えた直後からこんなに大きい姿です（根元の土を少しどけてクルミの殻が見えるようにしてあるので、その大きさと比べてください）。これだけ大きければ、丈も最初から草を越えることができます。落葉がかぶさっていても、それを突き破って出てきます。

　　　　　写真6　芽生えいろいろ
　　　　左：オニグルミ、右上：カツラ、右下：何でしょう？

一方、小さいカツラのタネからは、こんなにも小さな芽生えが出てきます。もしも落葉の下で発芽したら、文字通り陽の目を見ることもできません。逆に落葉の上で発芽したら根が土壌に届かないかもしれません。したがって、運よく落葉のない場所（林内では稀です）で発芽できなければ、芽生えの将来は、すでにその時点でありません。

芽生え期でほとんど枯れる

しかし必ずしも、大きければすべてよし、とは限りません。大きいと維持コストもかかるので（豪邸を建てたときの維持光熱費をイメージしてください）、林内の暗い環境下だと生命を維持するだけの光合成ができず、すぐに枯れてしまいます。小さい芽生えも脆弱なので暗い場所ではほとんど生き残ることができません。実は樹木は、芽生え期でほとんど枯れてしまいます。一方、苗畑のように光も水も養分もたっぷりある場所であれば、芽生えは無事に成長し、すぐに大きく（つまり苗に）なります。育苗とは、樹木がもっとも弱々しい段階を人の手で乗り越えさせていることにほかなりません。

ところで、右下の芽生えは何の樹種かわかりますでしょうか？　林業関係者には見慣れたものだと思います。わからない方へのヒント。子葉は俗に双葉ともいうように2枚セットで出るのが普通ですが、この樹種は珍しく3枚の子葉を出します。だから漢字で木偏に三と書く、という説があります。別の説では、湿潤な土壌でよく育つ樹種であることから木偏に水を表す部首を添える、という説もあります。はい、もうおわかりですよね？

さらに余談ですが、東京大学名誉教授の酒井秀夫先生から伺った話によると、この樹種は種子に螺旋模様が入っていることからこの字が当てられた、という説もあるそうです（正直なところ、筆者の目には螺旋模様は見えませんが……）。また、別のある樹種は、種子の姿が2つのパーツが会わさって（合わさって）いるように見えることから木偏に会と書くのだとか（こちらはなるほどと思いました）。

原理・原則9―稚樹

木の一生　（2）稚樹期
－針葉樹の幹はバネのように柔らかい

Point

1. 稚樹期の針葉樹はバネのように柔らかい。
2. 幹の細胞が斜めに傾いた螺旋状に編まれているので、柔らかい。
3. 暗いところに生えている樹木の根系は貧弱である。

　芽生えが幸運にも生き残り、成長して樹高を増すと、稚樹と呼ばれるステージになります。目安としては樹高1〜3mといったところでしょうか。針葉樹の場合、明るい環境であれば、閉じた傘のようなとんがった三角錐の樹形を示して上にぐんぐん伸びようとしていますし、暗いところであれば広げた傘のような平らな樹形になって、なるべくたくさんの光を受け止めようとするかのような姿になります(図5)。

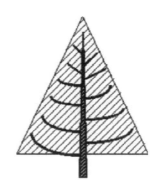

図5　樹形の比較

光環境で稚樹の姿が変わります。これはヒバの例ですが、左が暗い環境下、右が明るい環境下での樹形をスケッチしたものです。

(Hitusmaほか, Journal of Forest Research, 2006, 11:281-287からの転載)

稚樹期の針葉樹は「柔らかい」

　稚樹期の針葉樹には、「柔らかい」という特徴があります。稚樹を手で掴んで揺らしてみるとわかりますが、幹はボキッと折れることはなく、たわんでしなります。

　この時期の樹木は上から枝が落ちてきたり、歩いている動物がぶつかったり……と、さまざまな試練に見舞われます。そのときに、下手に樹体を硬くして跳ね返そうとしても無駄です。ボキッと折れるだけでしょう。むしろ柔軟に受け流すほうが得策です。稚樹期の樹木が柔らかいのは意味があるのでしょう。

柔らかい理由－幹の細胞は螺旋状に配置

　幹が柔らかいのは、単に細いからだけではありません。木部の細胞の配列にも理由があります。たとえば、たくさんの針金をまっすぐ揃えて束ねると丈夫な束となりますが、バネのように螺旋状にして束ねると柔らかくなります。これと同じように、針葉樹の稚樹の幹の細胞（細長い繊維状です）は少し斜めに傾いた螺旋状に編まれており、その結果、柔らかい樹体となっています。ちなみに細長い繊維状の細胞の大きさは、針葉樹の場合は直径0.05mm前後、長さ2〜5mmくらいです。

　さて、このような理由で柔らかい幹の材を未成熟材と呼びます。木を伐って丸太にしたとき、中央の芯の部分が未成熟材であることはご存じかと思いますが、これはまだ柔らかい樹体だったときの名残です。

暗所の稚樹－幹が細く、根が貧弱

　次に、明るさによる稚樹の生き方の違いを見てみましょう。暗い場所にめぐり当たってしまった不幸な稚樹は、生き残るために一体どのような工夫があるのでしょうか。

　暗所に生育している樹木は、暗いからこそ、なるべく葉を多くつけて光を集めなければなりません。葉と光こそが樹木の生き残りに不可欠の要素

だからです（日本の気候条件下では、暗くて湿っている林内で水が不足する心配はあまりないでしょう）。しかし、残念ながら葉には寿命があります。落葉樹も常緑樹も1年のある時期には老化した葉を落とし、ある時期に新しい葉を開くことで、葉の入れ替えを行います。新しく葉を作って入れ替えるために、暗い中での光合成で貯えた、なけなしのエネルギーを投資することになります。

　となると、樹木は、どこかほかの部位の成長を犠牲にしなければなりません。それは主に幹、そして……根です。幹は細く、そして根の量も貧弱。これが、暗所に生育する稚樹が生き延びようと工夫した結果の姿です。仮に、もしもこの状態で突然明るくなったとすると、光合成量が増えるために急に水が必要となります。そのときに、根の量が貧弱なために吸水が追いつかなければ、稚樹はかえって弱ってしまい、下手をすると枯れてしまう可能性もあります。

写真7　暗所の貧弱なヒノキ

　このように、暗いところに生えている樹木の根系は貧弱である、というのは1つの原理・原則です。

基礎編　第2部　樹木の生態

原理・原則10―若齢期、成熟期

木の一生　（3）若齢期から成熟期
－材は硬くなり、花を咲かせ、種子をつける

Point

1. 若齢期の中頃以降は、根元付近の細胞壁を厚く硬くし、細胞を垂直に立て、成熟材となる。
2. 成熟期には、花を咲かせ、種子をつける。
3. 樹木は環境が悪いと花の数を減らし、葉の確保を優先する。

若齢期－葉がたっぷりと生い茂り、樹高をどんどん伸ばす

　稚樹期に運良く明るい環境にめぐりあい、順調に成長した樹木は若齢期に達します。人間でいえば青春まっただ中といったところでしょう。この段階の樹木は葉がたっぷりと生い茂り、活発に光合成を行います（次頁、図6）。また、樹高をどんどん伸ばします。

　しかし、一見順調に伸びているようでも、それぞれの木の枝ぶりをつぶさに観察すると、実はすでに将来の運命が定まっていそうに見えることもよくあります。そのことについては後述するとして、とりあえず樹木が順調に成長して若齢期を通りすぎた後に到達する成熟期について見てみましょう。

若齢期の中頃以降－元玉から硬い成熟材に覆われていく

　さて、若齢期の中頃以降になると、根元付近の幹は太く立派になってくるので、もう柔軟性を保つことができなくなります。そこで樹木は、根元付近で（いわゆる元玉のところです）、これまでとは逆に細胞壁が厚く硬くてしっかりした細胞を垂直に立てて、内部の柔らかい未成熟材を外からがっちり固めるようになってきます。これが成熟材です。成熟材が乾燥してもねじれにくく、狂いにくいのは細胞が素直にまっすぐ束ねられている

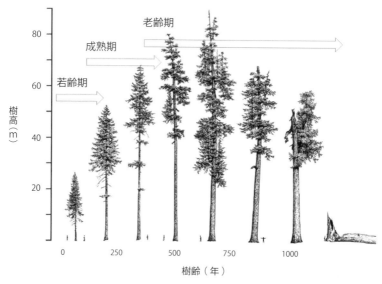

図6　寿命の長いベイマツの1,000年間の一生を通じた樹形の変化

(R. van Pelt & S. C. Sillett（2008）を改変)

からなのです。

成熟期－伸びは止まるが、着葉量が十分ある限り、樹勢は衰えない

　成熟期になると、樹高の伸びが少し落ち着きます。針葉樹の場合、樹高の伸びが完全にゼロになることはありませんが、広葉樹はむしろ枝を横に広げるような成長に変わるので、樹高の伸びはほぼ止まります。

　しかし、着葉量が十分あって健康である限り、樹勢が衰えることはありません。樹高成長こそ落ち着くものの、まだまだ元気いっぱいで、成長も盛んです。直径成長は順調に続いており、個体の幹の材積もどんどん増えていきます。針葉樹の場合は円錐形の樹形を保ち（図6）、広葉樹も丸い樹冠を維持します。土壌などの条件が合えば、材の芯に腐りが入る懸念も少ないでしょう。とくに原因もないのに樹勢が衰えるようになるのは、この次に来る老齢期です。

成熟期-花を咲かせ、種子をつける

　また、成熟期にはいよいよ花が咲き、種子をつけるようになります。筆者のこれまでの研究では、日本の高木性の広葉樹の場合は胸高直径が20～30cmに達すると、この段階に入ります。樹木も子孫を残せるようになり（とはいえ、ほとんどの芽生えは前節のとおり生き残らずに枯れてしまいますが）、新たなステージに入った感じがします。ただし、スギの場合は広葉樹と少し異なり、まだ若齢期のおよそ20年生以降で花が咲き始めます。拡大造林の面積は1950年代にピークを迎えますが、花粉症が増え始めるのは1970年代なので、ピタリと一致しています。

花より葉-悪環境下では花の数を減らし、葉の確保を優先する

　しかし、大きければ花や種子をたくさんつけるかというと、そうではありません。樹木の生命は葉の確保にかかっている、という原則を思い出してください。樹木が生きるためには光合成を行う葉が必要です。たとえば、もしも隣に大きな木が存在していて光が遮られるためにやや暗くなっている環境では、樹木の光合成量が減ります。そうなると少ない稼ぎは葉の生産・確保に使わざるを得ません。花や実、種子をつけるには結構エネルギーを使うので、樹木は環境が悪いと花の数を減らします。あくまでも葉の確保のほうを優先します。ですから、太さと同時に、生きていくのに余裕の生じる好適な環境（光だけではなく土壌の水や栄養素の面からも）がなければ、樹木は子孫を残せません。

原理・原則11―老齢期

木の一生　（4）老齢期
－森林の生物や若返りに貢献する

Point

1. 針葉樹の場合、1つ1つの枝が存在感をもち始める。
2. 菌に侵されて枯れる、大風で折れて倒れて枯れる、など自然攪乱に弱くなる。
3. 老齢期の木が倒れると、林床に光が注ぎ、そこの植物は光を浴びて成長を加速する。
4. 林床の大きな倒木は、苗木のための苗床となる。
5. 樹木の外周部の細胞は、壁が薄く、柔らかくなる。

老齢期－枝が存在感をもち始める

　成熟期に成長を謳歌していた樹木にも、いつの間にか衰えが忍び寄ってきます。枝の一部が枯れたり、梢端が枯れたり、幹に病気や腐りが入ってくるようになります。針葉樹の場合、円錐形のいかにも針葉樹らしい樹形から、1つ1つの枝が存在感をもち始め、あたかも幹から別の木が生えているかのような外観を呈するようになります。その枝も少しずつ減っていき、木1本のもつ葉の量も徐々に減ります。そして最後には枯れていきます（44頁、図6）。これが樹木の老齢期です。

　さて、それでは老齢期の樹木とはどんな感じか、論より証拠、次頁の写真8をご覧ください。屋久島と立山のスギの天然木ですが、「枝が存在感をもち始める」という特徴がはっきりと現れています。

　写真9は老齢期の260年生アカマツと、同じ林分に生育するほぼ同じ樹高の、しかしまだ成熟期（推定80年生前後）のアカマツの樹形を比べたものです。成熟期のアカマツに比べると、260年生のアカマツの樹形はまさに

基礎編　第2部　樹木の生態

老齢期の風貌をもっていることがわかります。霧島の天然アカマツは、樹齢200～300年といわれており、やはり老齢期に独特の樹形です（実際に目

写真8　屋久杉と立山杉の天然林
左は樹齢1,000年超と思われる屋久杉。右2枚は立山杉の根元と上部です（樹齢は不明です。ちなみにこういった立山杉の樹齢の推定は300年から2,000年（!?）まで諸説あります）。

写真9　同じ林内に生育する成熟期（約80年生）のアカマツ（左）と老齢期（約260年生）のアカマツ（右）
樹高はほぼ同じですが、樹形に大きな違いがあります。

写真10　霧島の天然アカマツ
老齢木独特の樹形。枝の1本1本の個性がはっきりしています。

写真11　老齢木の倒木

の前にしたときはなかなか迫力がありました)(写真10)。

　この段階になると、木は外からの予期せぬ作用で枯れる確率が大変高くなります。菌に侵されて枯れる、大風で折れて倒れて枯れる、など自然撹乱に弱くなります(写真11)。

老齢期の木が倒れて起こる2つの変化－光と苗床

　老齢期の木が倒れると、森林に2つの変化が起こります。

　1つは林冠に大きな孔があき、林床に光が注ぎます。そこにいる植物は光を浴びて成長を加速します。芽生えや稚樹がその恩恵にあずかることもあります(そううまくはいかないこともありますが、それは後述します)。

　また、林床には大きな倒木が横たわります。植物の種類によっては、地表よりもそういった倒木上のほうが、芽生えが生き残りやすい種類があり

ます。基本的に小さい芽生えの樹種ですね。芽生えのことを述べた時に、落葉があると生き残れないと書きましたが、倒木上は落葉があまり積もらないので、こういう芽生えが生き残る環境としてはなかなか優れているといえます。38頁、写真6のカツラの芽生えも、倒木上に生えてきたものを撮影したものでした。ただし、芽生えが根をしっかりと張るためには、倒木がある程度腐って柔らかくなければなりませんので、成長を加速させるまでには長い時間がかかります。

　いずれにせよ、老齢木が倒れると、それが樹木のための苗床となりえます。このことは心に留めておくべき原則です。

　また、老齢期の大径木は、まだ枯れる前から鳥や動物がウロを利用したり、キノコが生育したり、とさまざまな生物にとってありがたい存在です。

老齢木・枯れ木の価値を知る

　このように老齢期の樹木は、枯れる前も、枯れた後も、さまざまな面で森林の生物や若返りに貢献する存在です。枯れ木も山の賑わい、といいますが、筆者は、枯れ木こそ山の賑わいではないかと思うことがあります。枯れ木に価値があることも原則に含めていいでしょう。

　ただし誤解のないように付け加えますと、この場合の枯れ木とは、間伐手遅れでやせ細って枯れる木ではありません。十分に大きく育ち、生涯を全うした老齢木の枯れ木のことです。お間違えのなきよう……。

　いささか余談めきますが、老齢期になると、細胞もそれほど頑丈に作る必要はなくなります。すでに内側に成熟材がたくさん詰まっているので、それだけで大きな樹体は十分に支えられます。それゆえに、老齢期の樹木（とくに針葉樹）の外周部の細胞1つ1つは、壁の薄くて安っぽい柔らかいものとなってきます。また、葉も少なくなってきているので、頑丈で立派な細胞を作る余力もないという事情もあるでしょう。

　ちなみに秋田の天然杉の辺材を使った民芸品に、曲げわっぱというのがあります。あのように木をぐにゃりと曲げて容器を作れるのは、老齢期のスギの外側の細胞が柔らかい部位を利用しているからだと思います。

原理・原則12―寿命

樹木の寿命の見方
―樹木の成長段階は直径で判断する

> **Point**
> 1. 樹種によって寿命はまったく異なる。
> 2. 寿命の異なる樹種は、成熟期や老齢期に達する齢も異なる。
> 3. 樹木の成長段階は、樹齢ではなく、直径や枝ぶりなどを使って判断する。

短命な木、長寿の木

　このように樹木の一生を眺めてきましたが、ここでは、樹齢について考えてみましょう。

　樹木によって寿命（本書では老齢期となってほとんどが枯れてしまうまでの年数とします）はまったく異なります。たとえばシラカンバの寿命は100年前後です。樹木としては短命なほうでしょう。

　ブナやアカマツでは、最高で300～400年くらいまでが普通です。果たしてこの寿命は長いのか、短いのか？　個人的には、どちらかというと短命な樹木だと思っています。

　一方、スギは樹齢1,000年を超える個体も珍しくありません。屋久島だけではなく、本州の埋没林や出土する伐根の年輪を見ても、かつては日本中にそのくらいのスギがあったことがわかります。ヒノキも1,000年近く生き、直径2m近くに達していた老齢個体の円板が残っています。スギやヒノキは寿命の長い樹木であると言い切ってよいでしょう。広葉樹にも、カツラやハリギリなど1,000年近くまで生きるものがあるので、これらもやはり長命な部類に入りますね。

　ちなみに、今の日本には、生きているヒノキの老齢木はほとんどありません。木曾ヒノキで有名な赤沢自然休養林のヒノキを見ても、樹形はまだ

成熟期の姿のようです。生きている老齢ヒノキを見ようと思ったら、老齢ヒノキの保護林のある台湾に行くしかないと思います。

樹齢では判断できない樹木の成長段階

　寿命の異なる樹種は、成熟期や老齢期に達する齢も異なります。たとえば、アカマツは200年を超えれば老齢期となりますが、寿命の長いスギやヒノキは、200年生くらいではまだ成熟期にあるといってよいでしょう。したがって、若齢期、成熟期、老齢期を見分けるには、齢よりも、樹高の伸び具合と全体的な樹形から判断することになります。また、同じ種類の樹木でも、環境や間伐方法によって早く育ったり遅く育ったりしますので、成長段階が異なることがあります。同じ樹齢でも、早く育った樹木は大きくなっており、遅く育った樹木は細いままです。このことからも、樹木の成長段階を判断するには樹齢が当てにならないことがわかります。

　このように樹木の成長段階は、樹齢ではなく、直径や枝ぶりなどから判断するのが定石となります。枝ぶりはなかなか数値化しにくいので、樹木の成長段階を把握するには直径を用いるほうがよいでしょう。これは樹木の生態を考える上で、大変重要な原則です。

直径で成長段階を判断する

　直径で成長段階を考える例を１つお示ししましょう。次頁の図7は天然林のブナ立木とスギ立木のうち、枯死していたものの割合を比較したものです。たとえば、直径80cmの樹木に着目すると、ブナの約30％が枯死している状態だったのと対照的に、スギはすべての木が元気に生きていました。

　グラフを見るとブナは直径60cm以上で枯死木の割合が高くなっているので、この直径以上だと枯死しやすくなるのでしょう。言い換えるとブナの場合、直径60cm以上が老齢期だと考えてよさそうです。一方、スギは直径が70cmを超えると枯死木がほとんど見られなくなります。ますます勢いが盛んといいますか……。つまり、この直径のスギはまだまだ元気な

成熟期といってよいでしょう。いかがでしょう？　スギとブナの生態の違いが見えてきませんか？

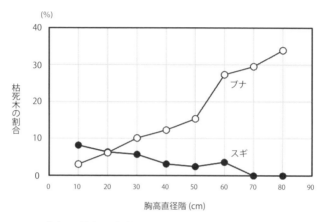

図7　京都の芦生研究林におけるブナとスギの枯立木の割合
(山中ら（1997）に基づいて筆者作図)

写真12　老齢期を迎えて倒れたブナ

基礎編　第2部　樹木の生態

原理・原則13―樹高成長

樹高成長の法則
―樹種、土壌、気候が同じであれば、樹高成長は同じである

Point

①樹種、土壌、気候が同じであれば、樹木の樹高は同じように成長する。

②針葉樹の樹高成長は、梢が被害を受けない限り、止まることはない。

密度は樹高成長に影響しない

　樹木の樹高の成長には一定の法則があります。それは、混んでもあいても、樹高の成長はほとんど影響されない、ということです。同じ樹種、同じ土壌、同じ気候であれば、樹木の樹高は同じように成長します。後で述べますが、これは森づくりの観点からは、とても重要な原理・原則です（ただし、ある限界を超えて過密になると樹高成長も低下することが知られています）。

　……と述べてはみましたが、実際のところは不明な点が多いのも事実です。なぜならば、1本の樹木の成長を、芽生え期→稚樹期→若齢期→成熟期→老齢期→枯死と、最初から最後まで追跡して見届けた研究は、世界広しといえどもどこにもないからです。

　筆者は現在、森林総合研究所に勤務していますが、そこにはかなり昔から継続して調べられている調査地があります。その中の1つに、大正6年（1917年）に設定されたカラマツ人工林の試験地が秋田県にあります。明治32年（1899年）に植栽された人工林です。この原稿を書いている平成29年（2017年）の時点で118年生ですね。この林分ではいろいろな間伐方法が試されており、あいている林分から混んでいる林分までさまざまあります。

その中から両極端な林分を選んでその成長を比べてみましょう。図8は、左が平均胸高直径の成長経過、右が平均樹高の成長経過です。直径の成長経過を見ると、強めに間伐されたところは成長が早く、弱めに間伐したところは成長が遅いことがわかります。一目瞭然、疑問の余地はありません。しかし、右側の樹高成長はどうでしょう。ほとんど同じです。直径の成長の早い・遅いに関係なく、樹高は同じように伸びてきたのです。このことから、冒頭に述べた原則、すなわち「同じ樹種、同じ土壌、同じ気候であれば、樹木の樹高は同じように成長する」ということが、実感としておわかりいただけるのではないかと思います。

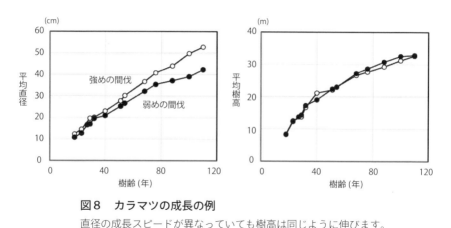

図8　カラマツの成長の例
直径の成長スピードが異なっていても樹高は同じように伸びます。

レッドウッド－世界一の樹高

　ところで、現在日本で一番背の高い樹木のことはご存じでしょうか？本稿を執筆している時点での公式記録では、秋田県の仁鮒水沢にあるスギ天然林の中の1本のスギの58mという樹高が日本一です（本書を校正中の2017年に山形や京都で60m超えのスギが報告されました）。ちなみに、ブナやケヤキなどの広葉樹の樹高はどんなに高いものでも40m前後ですね。
　では、世界で一番背の高い樹木はどこにあるかご存じでしょうか？　そ

のほとんどはアメリカの西海岸に生育するレッドウッドという種類です。その高さは110mを超えています。日本で一番高いスギの約2倍。想像を絶する生物です。しかも、樹高はまだ伸び続けているので、記録はこれからも更新されると思います。

樹高成長はいつまで続く？

　レッドウッドはヒノキ科に属します。日本のスギもヒノキ科です。レッドウッドとスギは葉の形が少し似ていて、いかにも近縁同士という感じがします。生育している環境が温暖・多雨という点でも共通しています。なのに、なぜ日本のスギはレッドウッドのレベルにまで大きくならないのでしょうか。おそらく、日本の気候に特徴的な、台風や冬の季節風による強風や降雪の付着などによる損傷やストレスが、スギの梢端にダメージを与え、あるいは倒してしまうためではないか、と思っています。

　余談ですが、図8のカラマツの樹高成長は、70〜80年くらいから少し低下気味になります。ここがこの林分のカラマツの若齢期と成熟期の境目でしょう。直径でいうと30cmくらいのところです。しかし、成熟期になっても、樹高は依然として少しずつ成長を続けています。おそらく針葉樹の樹高成長は、梢が被害を受けない限り、止まることはないのだと想像します。ただし、あくまでも想像です。確信はできません。確信するにはこの林分をこの先、100年、200年と調査し続けるしかありません。森林を科学的に正しく理解するためには、どうしても長い時間がかかるものです。

写真13　世界一高い木が生育するレッドウッドの森林

原理・原則14―光合成

樹木の1日
－午前中に光合成を行い、夜は幹を太らせる

Point

① 樹木は主に午前中に光合成を行い、午後は休憩、夜は幹を太らせる。

② 木漏れ日で瞬時に反応し光合成を行うのが陰樹。基本的に明るい場所でなければ生き残れない樹木が陽樹。

ここまでは樹木の長い一生を眺めてきましたが、ここで視点を変えて、樹木の1日の様子を見てみましょう。

樹木は午前中に光合成を行い、夜は幹を太らせる

朝。夜が明けたとき、樹木の樹体内は根元から上端の葉まで、たっぷりと水で満たされています。夜が明けて陽が差し始めると、水の充填されている葉は光合成を行います。二酸化炭素をどんどん吸い、酸素を放出します。光合成の勢いは、午前中にピークを迎えます。

昼。午後が近づくと、樹体内の水が減ってきます。葉で水をどんどん消費するのですが、根からの給水が追いつかないのです。樹木は、水がある程度以上減ると、葉の表面の孔（気孔といいます）を閉じて、水が葉から蒸発しないようにします。葉が乾燥して萎れてしまうことを事前に防ぐ処置です。これにより、水不足に陥ることは防げますが、同時に、二酸化炭素も吸えなくなってしまいます。その結果、光合成は午後になると低下し始めます（次頁、図9）。土壌が乾燥気味の場所だと、午前中の早いうちに光合成が低下し始める場合もあります。

夜。樹木は葉の水が不足した状態で夕方を迎え夜になります。樹木は夜中に、昼間に葉で作った光合成産物を幹のほうに運びます。幹の細胞はそれを使って細胞分裂を行います。つまり成長し、太ります。同時に、夜明

けまでに再び樹体内を水で葉の先まで満タンにします。そして、夜明けとともに再び光合成を開始し、また新たな1日が始まります。

　このように、樹木は主に午前中に光合成を行います。午後は休憩時間のようなものでしょうか。そして夜は幹を太らせます。これが樹木の1日の生活のサイクルです。

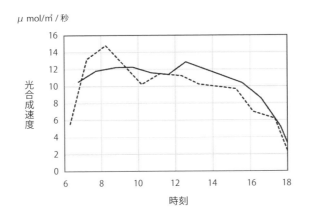

図9　新潟県のブナ林におけるブナの光合成の日変化（7月下旬）
点線はやや乾燥気味の場所に生育するブナ。光合成が早く低下し始めます。
（横山ら（2005）を参考に作図）

陰樹と陽樹―稚樹や芽生えの光合成能力の違い

　もちろん、稚樹や芽生えも、日なたで生育していれば上述と同じような1日を過ごします。

　では、木の下の暗い環境に生えている稚樹や芽生えはどうなのでしょうか？　日陰に生えている芽生えや稚樹は、光が少ないのでほとんど光合成を行うことができません。しかし、ときどきチラチラと陽光が下まで届くときがあります。いわゆる木漏れ日というやつですね。そのとき、葉が瞬時に反応して光合成を行い、多少なりとも生産ができれば、少なくとも生き残れるかもしれませんし、あわよくば多少成長することもできるかもし

れません。この能力の高い樹木のことを、一般に陰樹と呼びます。ブナはこの能力が高そうですし、イタヤカエデなどのカエデの仲間も、この部類に入るでしょう。おそらくトドマツやヒバもそうです。これらの樹種の芽生えや稚樹は、はっきりとした1日の生活サイクルをもつわけではなく、木漏れ日が当たるたびに、さっと光合成を行うような、刹那的な生き方をしています。上に木がいる限り、この生活が続きます。

　逆に木漏れ日に瞬時に反応する能力が低く、基本的に明るい場所でなければ生き残れない樹木が陽樹と呼ばれるものです。まっすぐで潔い性格の樹木といえますが、苦境のときにじっと耐えつつ細かい作戦を練るのは苦手なタイプといえるでしょう。シラカンバ、タラノキ、アカメガシワなどがこの部類に入ります。どれも山火事跡地か伐採地に多い種類ばかりです。

写真14　陰樹のトドマツと陽樹のシラカンバ

トドマツとシラカンバを同じ年に苗畑に植栽した試験です。陽樹のシラカンバは成長が早いので上層を形成しています。一方、トドマツは成長が遅く下層にとどまっていますが、陰樹なのでほとんど枯れずに生き延びています。

図10　トドマツ（左）とシラカンバ（右）の葉
　　　（参考　全国林業改良普及協会編『ニューフォレスターズ・
　　　　　　ガイド 林業入門』全国林業改良普及協会、1996）

基礎編　第2部　樹木の生態

原理・原則15―葉の役割

樹木の1年　（1）葉
－6～7月に光合成の能力が最大となる

Point

① 落葉樹の葉は6～7月頃に最も能力が高くなり、秋が近づくにつれて葉の老化が進み、やがて冬の前に落葉する。

② 樹木の生育に不適切な季節（冬や乾期）に、維持コストを省くために葉を落とすのが落葉樹。

③ 日が長く、気温の高い6～7月に、樹木が最も活発に活動する。

今度はもう少し長く、樹木の1年を見てみましょう。

落葉樹と常緑樹の"経営戦略"

日本の広葉樹の場合、落葉樹も常緑樹も、春になって気温が上昇すると冬芽が目覚めて新しい葉を開きます。

出始めの葉はまだ弱々しいものです。この頃の葉には赤い色素が含まれていることが多いのですが、これは人間でいえばサングラスをかけて強い日光から守っているようなものとイメージしてください。そして枝を新たに伸ばし葉もしっかりしてきます。落葉樹の場合、6～7月頃にはもっとも能力の高い葉となります。その後、秋が近づくにつれて葉の老化が進み、やがて冬の前に落葉します。ただし、常緑樹の場合は1年後やあるいは数年後に老化が進んで落葉します。そのため、葉がなくなってしまう季節がなく、常に葉がついている状態を保ちます。なので、常緑なのです。

落葉樹のように葉を1年に一度入れ替えるのは、せっかく作った葉を半年で捨てて新たに作り直すわけですから、結構な手間のかかる作業です。しかし、生育に不適切な季節（冬）に葉をつけていると、光合成もしないのにメンテナンスコストだけはかかるのでかえって損となり、あえて葉を落

として春に新しく作るのです。

 しかし、冬があまりに長くなると（つまり夏が短くなると）、せっかくつけ替えた葉なのに光合成でちゃんと稼いで元をとる前に落とすことになってしまうので、むしろずっとつけているほうがマシになります。このような理由で、北海道のトドマツやエゾマツは、厳冬期にも葉をつけているのかもしれません。

 日本の場合は1年を通じて極端な水不足に陥ることはありませんが、大陸内部の雨の少ない地域、海が近くても熱帯のタイ付近の緯度の地域では、1年のうちに雨がほとんど降らない乾期があります。これもまた生育に不適な時期なので、一時的に葉を落とす樹木が生育しています。なお、北アメリカの西海岸地域も乾期がありますが、そこでは落葉樹林ではなく、針葉樹の巨木林となっているのが面白いところです。

6～7月にもっとも樹木は活発に活動する－気温が重要

 さて、日本の場合、もっとも樹木が活発に活動するのはどの季節でしょうか？ それは6～7月です。春になって作られた葉が開ききり、同時に気温が高くなり始めた時期です。夏至前後なので、1年で明るい時間がもっとも長い日が続く頃です。しかし、地域によっては梅雨の雨が降り続く時期でしょう。

 晴れていなくても光合成に支障はないのでしょうか？ はい、ほとんど問題ありません。むしろ、日光が強すぎると樹木の葉にとっては、活性酸素ができたりするので、あまりよろしくないのです。曇りの明るさで、樹木は十分光合成できます。むしろ重要なのは、気温のほうですね。梅雨の時期に気温も下がってしまうと、樹木の光合成も低下します。そうではない限り、6～7月は樹木にとって1年でもっとも書き入れ時の季節です。

 落葉樹林の場合、8月に入る頃には葉の老化が始まっています。樹木にとっては、すでに夏は終わっているのです。そして秋には落葉して冬を迎えます。ただし、葉を落とす前に葉の中に含まれている窒素をちゃっかりと枝に移動させています。なかなかしたかですね。

基礎編　第2部　樹木の生態

原理・原則16―材の形成

樹木の1年　（2）材
－季節によって細胞の壁厚、数量が変わる

Point

① 針葉樹の細胞の形は、春から夏にかけては太くて壁が薄く（早材）、秋から冬にかけては細くて壁が厚くなる（晩材）。

② 広葉樹の材は環孔材と散孔材があり、樹種によって決まっている。

これまで、樹木の1年を開葉・落葉という目に見えやすい季節変化で見てきました。樹皮の下にある材にも、季節に応じた変化があります。

針葉樹の材－細胞の太さ、壁厚が変化する

針葉樹の場合、細胞（チューブ状です）の形は、春から夏にかけては太くて壁が薄く（早材）、秋から冬にかけては細くて壁が厚いものとなります（晩材）。春から夏にかけての書き入れ時は水を葉まで通しやすい細胞を作り、その必要がなくなったら、むしろ頑丈な細胞を作る、という自然の仕組みですね。ちなみに早材は色が薄く、晩材は色が濃いのでこれが年輪となって見えるわけです。

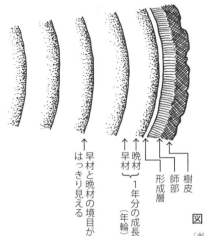

図11　早材・晩材の図
（参考　全国林業改良普及協会編『ニューフォレスターズ・ガイド 林業入門』全国林業改良普及協会、1996）

広葉樹の材（環孔材）－導管の割合が変化する

　広葉樹の場合はもう少し複雑です。ナラ類やケヤキのように、芽吹き直後にまず太い導管（水を通すのに特化した細胞）を一周ぐるりと作り（早材はほとんど導管のみ）、それ以降の材では細い導管を少し作るだけとなります（これが晩材）。これを環孔材といいます。一方、ブナやカエデは春から秋にかけてコンスタントに導管を作り、早材と晩材の区別がつきにくい材となっています。これは散孔材といいます。

　針葉樹では、何らかの理由で光合成量が下がると早材の幅が減り、逆に晩材が目立つようになります。環孔材の広葉樹ではその逆となります。春一番にほぼ必ず太い導管が一周ぐるりと作られるので、成長が悪くても早材の幅は減らず、むしろ晩材が減ることとなります。

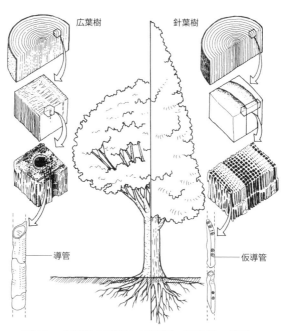

図12　広葉樹の導管と針葉樹の仮導管の構造

（参考　全国林業改良普及協会編『ニューフォレスターズ・ガイド 林業入門』全国林業改良普及協会、1996）

原理・原則17―樹形

針葉樹と広葉樹の生き方（1）
－樹形に差が表れる

Point

① 針葉樹と広葉樹の違いとして、森づくりの観点からは樹形に着目する。

② 針葉樹はまっすぐ上方に樹冠を大きくする、広葉樹は水平方向に樹冠を大きくする。

　ここから観点を少し変えましょう。まず、針葉樹と広葉樹の生き方はどのように異なるかについて考えてみたいと思います。

樹形に生き方の差を見る

　見た目では、針葉樹と呼ばれるとおり、細長い針のような葉をもつことが多いのですが（その代表はアカマツやクロマツでしょう）、ナギやイチョウのように幅広の葉をもつものもありますし、ヒノキやアスナロは鱗片状の葉をつけますね。広葉樹はもちろん幅広の葉をつけますが、モクマオウのようにまるでマツみたいな葉をつけるものもあります。こういった分類学的な違いや解剖学的な違いも科学的には重要です。しかし、森づくりの観点から見ると、針葉樹と広葉樹の違いとして、樹形に着目するのがよいでしょう。

樹冠の拡張－針葉樹は上へ、広葉樹は横へ

　針葉樹と広葉樹の違いは、樹冠のボリュームの増やし方にあります（次頁、図13）。針葉樹は常に上へ上へと伸びます。新しい樹冠部は、三角錐が上に膨らむように拡大していくわけです。だから樹形は常にとんがります。成熟期に達すると樹高の成長が停滞するので、その後は樹形の頭が少し丸くなりますが、少なくともそれまでは極端に樹形を変えることはありません。

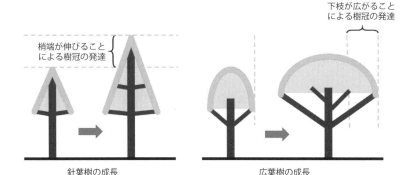

図13 針葉樹と広葉樹の違い－樹冠、主軸
針葉樹は梢端が上に伸びることで樹冠を主に縦に大きくし、広葉樹は一番下の力枝が横に広がることで樹冠を主に横に拡大します。

　一方、広葉樹は樹高を上に伸ばそうとする以上に、横に樹冠を広げようとします（ヤマナラシのような例外もありますが）。ここで重要な役割を果たすのは、幹の下のほうについている太い枝です。この枝が斜め上に向いて、太く長くなっていくことで、広葉樹は若齢期から成熟期の前半にかけて樹冠を維持・拡大しようとします。

　もう1つ大きな違いとしては、主軸の伸びる方向です。針葉樹はどんな光環境下でもまっすぐ上に伸びる性質があります。一方の広葉樹も（例外はあるものの）基本的に真上に伸びますが、光を求めて斜め上に方向を変えられるような臨機応変さがあります。この臨機応変さが、曲がりくねる幹の原因です。これは、上述の樹冠の量の増やし方とも共通しているものがありますね。

　以上のように、針葉樹はまっすぐ上方に樹冠を大きくする、広葉樹は横方向に樹冠を大きくする、という違いは必ず覚えておくべき原則です。

原理・原則18―吸水力

針葉樹と広葉樹の生き方（2）
－針葉樹は常に水を吸い続け、広葉樹は条件によって水を吸う力を変化させる

Point

1. 針葉樹は常に水を吸い続けようとする。
2. 広葉樹は土壌の条件によって水を吸う力を弱めたり強めたりする。

針葉樹と広葉樹の水の吸い方の違い

　さて、以上述べたのは、樹形という目に見えるわかりやすい違いでした。一方、目に見えにくいものもあります。重要なものとしては、針葉樹と広葉樹の水の使い方の違いがあります。

　針葉樹は一般的に常に水を吸い続けようとする性質をもっています。一方の広葉樹は土壌の条件によって水を吸う力を弱めたり強めたりと、わりと器用なことをやっています。もちろん針葉樹の中でも、アカマツなどは多少は広葉樹のように器用に水を利用することができます。しかし、全体的に見ると、日本の主な針葉樹は水を無駄遣いする樹木、広葉樹は水を節約する樹木、と考えてよいと思います。

　したがって、針葉樹は多少土壌条件が異なっても、同じように伸びようとします。たとえていうと、生き方が不器用な感じです。

　一方の広葉樹は、無理はしません。土壌が好ましくない環境では、成長を抑えます。そういう意味では、成長する環境を選ぶタイプであるということができるでしょう。これは、後述するように広葉樹造林が難しい理由の1つとなります。

原理・原則19―針葉樹種間の比較

スギ・ヒノキとアカマツ・カラマツを比較する

Point

1. アカマツはスギ・ヒノキよりも自然に更新しやすい性質をもっている。
2. スギやヒノキは1,000年、アカマツは300年の寿命。
3. スギ・ヒノキは内生菌、アカマツ・カラマツは外生菌と共生関係を結ぶ。
4. カラマツ林は落葉性で、林床が明るく、混交林化しやすい性質をもっている。

　では、同じ針葉樹同士でも何か違いがあるのでしょうか。林業上重要なスギ、ヒノキ、カラマツ、アカマツを例に比べてみたいと思います。

　まず、スギとヒノキは、ヒノキ科に属する樹木です。一方、カラマツとアカマツは、マツ科に属する樹木です。たかが分類というなかれ、かなり本質的な違いがこの分類に反映されています。

アカマツ―天然更新が容易

　最終氷期が終了してからの日本の森林の変遷において、スギやヒノキが増えたことは前述したとおりです。しかし、今から3,000年ほど前に、スギやヒノキが激減し、そのかわりに増えたのがアカマツでした。スギやヒノキが減ったのはおそらく人間による森林の利用（伐り倒したり、燃やしたり、など）が活発になったためですが、そのような環境で生き残りやすく増えやすいのはアカマツです。科学的な仕組みは十分にはわかっていませんが、アカマツのほうがスギ・ヒノキよりも自然に更新しやすい性質をもっています。屋久島や木曽地方に行っても、スギやヒノキの稚樹はそれほど多くありません。天然更新のしやすさでいったら、アカマツのほうが上を行きます。

寿命と更新のしやすさ
―スギやヒノキは1,000年、アカマツは300年

　林業として見たときに大きな違いとなるのは、寿命です。スギやヒノキは1,000年、あるいはそれ以上の樹齢に達することができます。それこそ屋久島のスギの寿命は数千年といわれています。しかし、アカマツは自然環境下では300年くらいまで生きればよいほうでしょう。これは筆者の私見ですが、「寿命と更新のしやすさには、反比例の関係がある」ような気がします。寿命が長くしかも更新も容易、というスーパー樹木は自然の摂理として存在しえないのだと思います（ただし、アメリカのベイマツのように長寿かつ天然更新しやすい樹種もあるので、断定はできませんが）。

　それから、水の使い方も異なります。前節のとおり、ヒノキ科の樹木は水をとにかく吸おうとする性質をもち、マツ科の樹木はそれに比べると多少は水を節約する術をもっています。結果として、乾燥地に耐えてよく生育するのはアカマツのほうです。

土壌中の菌類との関係
―スギ・ヒノキは内生菌、アカマツ・カラマツは外生菌と共生

　もう1つ大きな違いは、土壌中の菌類との関係です。用語が多少難しいので正確に覚えていただく必要はありませんが、スギ・ヒノキはＶＡ菌という内生菌と共生関係を結びます。一方、アカマツ・カラマツは外生菌と共生関係をもっています。ＶＡ菌と共生関係をもつのは、広葉樹ではカエデ類などで、種類はあまり多くありません。ほかの大多数の広葉樹は外生菌と共生関係を結びます。ブナやナラなどのメジャーな広葉樹もこちらに含まれます。その意味で、アカマツとブナ・ナラ類は相性がよいといえるでしょう。アカマツ林に広葉樹が混交しやすいのは、こういうことも背景にあるのかもしれない、と筆者は想像しています（残念ながら直接の証拠はありません）。

カラマツースギ・ヒノキより短命、更新は容易

　さて、カラマツについてはどうでしょうか？　日本における現在のカラマツの天然分布はそれほど広くありません。中部日本が中心です（蔵王にもごくわずかですが生育しています）。しかし冷涼な気候に向いていることから、北海道や東北地方など、または関東以西の高標高地域など、気温の低い場所の造林樹種として、戦後広く植栽されました。

　カラマツ林は落葉性ということもあって林床が明るく、混交林化しやすい性質をもっています。カラマツもアカマツと同様に外生菌と共生関係をもっており、それもあって広葉樹が混交しやすいのかもしれません。寿命はアカマツと同程度で、やはりそれほど長くはありません。地表が荒れている場所では天然更新していることもあるので、アカマツに似て短命かつ天然更新しやすい樹種といえるでしょう。

スギやヒノキは長い時間をかけて育てるほうが、本来の力を引き出せる

　このように、スギやヒノキはアカマツやカラマツに比べると天然更新は起こりにくく、そのかわりに長く生きる性質をもっています。筆者としては、スギやヒノキはなるべく長い時間をかけて育てるほうが、その本来の力を引き出せるように思います。一方のアカマツやカラマツは、スギ・ヒノキよりは短い期間で育てるほうがよいかもしれません。

　もう1点。ここで述べた4つの樹木のうち、挿し木で増やすことが容易なのはスギだけです。ほかの3樹種は、なかなかできません（接ぎ木は可能です）。ヒノキも不可能ではありませんが、挿し木をとる元となる個体をスギよりも厳選しなければなりません。

　さて、ここでは詳述しなかった、トドマツ（モミの仲間）やトウヒはどうなのでしょうか？　ここはひとつ、読者の皆様がご自身で考えてみてください。

基礎編　第2部　樹木の生態

原理・原則20―萌芽

伐採されても再生する樹木
－根からの指令で萌芽する

Point

① 萌芽のもとには、眠り続けてきた芽（休眠芽）が開いたものと不定芽として発生したものがある。

② 根からの指令が休眠芽に届き、目を覚まして萌芽に至る。

③ 根の貯えで萌芽するが、萌芽の葉の光合成で根を維持できなくなると枯れる。

④ 地際での直径が10～20cm前後の樹木ならば、撹乱で地上部を失っても、萌芽で再生する可能性が高い。

人間が交通事故に遭う確率があるように、樹木も常にアクシデントに見舞われる可能性がつきまとっています。何百年も同じ場所に立っているのでなおさらです。台風、山火事、動物による食害、そして人による伐採、等々……。樹木の中には、このような撹乱でさまざまなダメージを受けることをあたかもあらかじめ想定し、撹乱に直面しても生き残るような対策をとっているように見えるものがあります。

萌芽－「休眠芽」と「不定芽」

伐採を例にとって見ると、根元で木を伐採すると、切り株からたくさんの芽が出てきて個体の再生を始めることがあります（これを萌芽といいます）。トカゲの場合、しっぽを切ってもまた伸びてくるということがありますが、樹木の場合、樹体の一部どころではなくほぼ全部を失っても、また再生できる能力をもっているといえます。伐採に限らず、山火事などの場合も、地面から上はすべて損傷してしまうわけです。萌芽能力を備えていれば、山火事でも一巻の終わりとはなりません。そう考えると、こういう性質が進化するの

もどこか納得できるものがあります。

　では、萌芽のもとは何でしょうか。正体のほとんどは、それまで開くこともなく眠り続けてきた芽が開いたものです。

　葉の基部には必ず芽が作られ（冬芽といいます）、翌年の春に開きます。しかし、冬芽の中には春になっても開かずに眠り続けるものがあるのです（休眠芽といいます）。休眠芽はその名のとおり眠ってはいるのですが、そのまま材の奥深くに埋もれていくことはありません。常に樹皮の直下に位置するように移動してきます。そして、樹体が損傷を受け、存亡の危機が発生すると、突然休眠芽が芽吹き、枝と葉が一斉に出てくるわけです。

　そのほかに、芽が新たに作られて開く場合もあります。これを不定芽といいます。ヤナギ・ポプラの仲間やニセアカシアなどは不定芽を作ることが知られています。

根からの指令で休眠芽が目覚める

　休眠芽が萌芽となる仕組みを一応述べてみましょう。たとえ話になりますが、根からは常に「いつまで寝ているんだ、起きて働け」という催促が休眠芽に来ています。その一方、葉からは「起きるんじゃない、そのまま寝てろ」という命令が休眠芽に下されています。両者を比べると、葉からの声のほうが強いので休眠芽はそのまま眠り続けます。そのようなある日、アクシデントで幹がまるごと失われたとします。葉からの命令はもう来ません。そうすると、根からの催促がようやく休眠芽に届き、目を覚まして萌芽に至る、というわけです。これほど急激な変化ではなくても、たとえば昆虫の食害や病気などで、樹冠の葉が減ったり弱ったりすると、幹から新しい枝がニョキニョキと生えてくることがあります。これも、葉からの指令が弱くなったために根からの命令が届くようになり、休眠芽が開いたことによるものです。ちなみに「命令」の正体は各種の植物ホルモンです。

萌芽で再生できる基準

では、伐採されても萌芽すればそれで万々歳かというと、残念ながらそうではありません。根の量というのはなかなか重いものです。重い、ということはそれだけ維持費がかかるということです。当初は根に貯えがあるからその維持費をまかなえますが、いつまでも続きません。貯えが枯渇

写真15　伐採されたクリの根株
元の木の大きさのゆえか、萌芽は少なめです。

したら、萌芽の葉の光合成による稼ぎを期待するしかないのですが、いかんせん最初は葉が少ない。萌芽が成長して葉量が増え、しっかりと稼ぐようになる前に根の中の貯えがなくなってしまったら、萌芽したのも虚しく、枯れてしまうしかありません。したがって、木が大きすぎるときは伐採されて萌芽しても稼ぎが追いつかずに枯れてしまいやすいといえます。

逆に木が小さすぎてもダメです。萌芽は根の貯えを使ってつくるものなので、根そのものが小さかったら貯えが少なく、あまり萌芽もできません。したがって、木が小さすぎるときに伐採されると、萌芽せずに枯れてしまうことが多いです。

経験上は、地際での直径が10〜20cm前後の樹木ならば、撹乱で地上部を失っても、萌芽で再生する可能性が高いといえるでしょう。それよりも細い樹木、太い樹木は萌芽による再生はあまり期待できないというのが原則です。

ただし、これは大きく育つ高木性の樹木の話です。大きくならない低木種の場合は、またこれとは違った生き方を示しますが、これについては後述いたします。

原理・原則21―伏条、根萌芽

伏条、根萌芽
－タネを使わない樹木の増え方

Point

① 地面に接した枝から根を出して新たな木に育つのが、伏条。

② 地中の根を横に伸ばし、離れた場所から新たな芽を出す増え方が根萌芽。

③ 挿し木が可能な樹木や根萌芽が見られる樹木は、太い根を新たに作りやすい。

植物クローン―挿し木・伏条

　萌芽による再生以外にも、樹木(というか植物)は体の切れ端から再生する能力をもっています。そのため、動物と違って、植物のクローンは作りやすいといえます。

　この性質を林業に活かしたのが挿し木という技術です。筆者は、これはすごい知恵だと思うのですよ。自然の状態では、折れて上から落ちてきた枝がたまたま地面に突き刺さって発根して成長する……なんてことはまず起こりません。歴史上最初に挿し木をやってみた人は、よく思いついたなぁ、と感心したくなります。挿し木は、人間が考えだした偉大な工夫の1つかもしれません。

　もちろん、挿し木に向いている樹種と向いていない樹種があります。前述したように、スギはきわめて発根しやすい性質をもっているので、挿し木に向いています。広葉樹ではポプラ、ドロノキやユーカリの仲間が有名ですね。

　実は、挿し木とまではいきませんが、似たようなことをスギは自然にやっています。それは伏条と呼ばれるものですね。幹の下のほうから出て伸びた枝が地面に接するとそこで根を出して新たな木に育つというものです。ほかの針葉樹では、アスナロやヒバが同じような伏条によって増える

性質をもっています。当然、アスナロやヒバも挿し木による増殖が容易な部類に入ります。

根萌芽－地中の根から新たな芽を出す増え方

　伏条以外に樹木が行っている方法としては、地中の根を横に伸ばし離れた場所から新たな芽を出す増え方があります。これは根萌芽(こんぼうが)と呼ばれています。北米のブナ、ヨーロッパのシナノキ、日本ではシウリザクラやタラノキなどが根萌芽で自然に増殖します。

　写真16はイギリスに生えているシナノキの仲間で、研究の結果、1,200年前に出た1本の木が根萌芽を使って拡大した姿であることがわかりました。1,200歳の個体なのに、まったく背が大きくないというのが、逆にすごいと思います。日本にはこのような事例はないようです。理由はわかりませんが、日本の樹木の根は欧米の樹木の根に比べると、寿命が短いといわれています。

写真16　英国王立樹木園に生育するシナノキの仲間
左は伐採前の写真が掲載されているパンフレット、右は伐採から1年経った現地の様子。複数の株があるように見えますが、遺伝分析の結果、これは1本のシナノキから1,200年かけて根萌芽で増殖した姿であることが明らかになりました。ちなみに右の写真の奥に見える枯れ木の束は、伐採したシナノキを束ねて立てたものです。

挿し木、根萌芽する樹木－太い根を作りやすい

　少し余談めきますが、挿し木が可能な樹木や根萌芽が見られる樹木は、地中で太い根を新たに作りやすい傾向があります。たとえば作業道の横のスギの木の根元が盛土によって埋まったら、そのスギはわりとすぐに埋まった個所から根を新たに出し、横に伸ばし始めることがよくあります。そうすると、盛土が中から固められてしっかりした作業道になることが期待できるでしょう。

　ただし、スギではなくヒノキの場合は微妙です。ヒノキには挿し木で増えやすい個体と増えにくい個体がありますので……。

　これに限りませんが、それぞれの樹木の性質、さらに木1本ずつの癖がわかっていると、森づくりだけではなく、道づくりへ応用できるような知恵も湧いてくるような気がします。そうすると、林業という仕事がより面白くなってくるのではないか、と思うものです。

写真17　スギの木から採取した穂をそのまま直接地面に挿して仕立てたスギ人工林

これは明治11年の植栽なので、撮影した2000年の時点で122年生ということになります。ちなみにこの少年は案内人のIさんの息子さんで、当時10歳でした。成人した今はある県の林務課に勤務されています。

基礎編　第2部　樹木の生態

原理・原則22—種子の生産

天然林でのタネによる樹木の増え方（1）
—種子の豊凶現象がある

> **Point**
>
> ①自然の樹木の種子は、なり年（豊作年）と不作の年（凶作年）がはっきりしている。
>
> ②樹木は他家受粉でなければ結実できない。
>
> ③ブナやスギは、春に花を観察することでその年が豊作かどうかを予測できる。

　根萌芽による樹木の増え方は、どちらかというとトリッキーなものです。やはり植物にとって子孫を残す王道は、種子を作ってバラまき、それが発芽・成長していくことです。そこで、樹木が種子をどのように作るのか、林業にかかわる視点から眺めてみましょう。

種子の豊凶とその原因

　まず、いつから花が咲き実をつけ始めるかですが、これはすでに述べたとおり、条件がよければ若齢期の後半くらいからです。

　しかし、それよりも気にすべきことは、年による開花・結実のバラツキです。

　自然の高木性樹種の種子は、なり年（豊作年）と不作の年（凶作年）がはっきりしています。スギやヒノキの豊作は2～3年に1度であることが知られています。さらに極端なのがブナでしょう。ブナの豊作は5～6年に1回とも、7～8年に1回ともいわれています。しかもブナの場合（スギ、ヒノキもそうですが）、不思議なことにブナ林の中のほぼすべてのブナの豊作が揃うのです。ですから豊作年はブナ林全体で大量の種子が実り、逆に、凶作年にはブナ林のどのブナも実をつけません。さらに不思議なこと

は、1カ所のブナ林だけではなく、たとえば北陸地方なら北陸地方全体でブナが一斉に揃って豊作になることもあります（ただし、さすがに日本全国のブナが一斉に揃って豊作になることは、少なくとも筆者が知る限り、ほとんどなさそうです）。

上記では「不思議なこと」と書きましたが、実際、豊凶現象の仕組みはまだほとんどわかっていません。1つだけ確実にいえることは、樹木は他家受粉（自分以外の木からの花粉をもらうこと）でなければ結実できないことと関係しています。つまり、1本だけ花が咲いても実にはならないのです。必然的に、多数の木が同調して花が咲かないと、ほかの木から花粉をもらえず、実がつかず、タネにもならない、ということになります。

ブナだけではなく、ミズナラも、カラマツも、ほとんどすべての樹種が豊凶現象を示します。可能であれば、来年が豊作になるか、それとも凶作になるかどうか、予測したいと考えるのが人情でしょう。しかし、残念ながら、この予測はまだできません。研究は世界中で懸命に進められていますが、現時点ではわずかな例を除き、天気予報に到底およばない的中率です。

ブナ、スギ－花の観察で種子の豊凶を予測

ただし、ブナやスギなどの樹種は、豊作になる年は、春に大量に花をつけるので、春に樹木を観察することでその年が豊作になるかどうかくらいは予測することができます。ブナの場合、秋に冬芽を観察しても結構わかります。翌春の花が入っている芽は明らかに大きいので、翌春の開花量をその半年前に知ることができます。スギの花の多寡も前年の冬に枝を見ればわかります。その意味で、ブナやスギはまだマシです（とはいえ、日本の会計年度のシステムでは前年の秋や当年の春にわかったところで、それに柔軟に対応して必要な予算措置をとることはムズカシイのですが……）。

しかし、ミズナラやコナラでは、この方法すら使えません。なぜなら、ミズナラやコナラは、ほぼ毎年花が咲くからです。豊作になるかどうかは、毎年咲く花が、夏から秋にかけて発達して健全な実になるかどうか、で決

まります。その大勢が判明するのは秋も直前の8月中旬以降です。あまりにも直前すぎますね。

以上のことから、樹木の豊作凶作を予測することは、現時点では事実上あきらめるほうがよいと思います。ミズナラやコナラがいつ豊作になるかは神のみぞ知る。人間は事前にそれを予測することはできない。これは広葉樹の結実に関する重要な原理・原則です。

写真18　ブナが豊作となる年の春は枝一面に花がつく（左）と大豊作時のブナの枝（右）

タケ・ササ―究極の豊凶現象を示す

多少余談となりますが、究極の豊凶現象を示すのは、なんといっても、タケ・ササです。あるとき一斉に開花して大量にタネを落とし、そして枯れてしまう、というダイナミックすぎる性質をもっています。一斉開花は60年に1回とも120年に1回ともいわれていますが、正確なところはわかっていません。筆者の個人的な経験では、1995年に十和田湖周辺でチシマザサがかなり広い面積で一斉に枯れているのを調査したことがあります。また、本書を執筆している数年前には北関東でスズタケが一斉に枯れているのを見たことがあります。なので、日本全体で見ると、意外と珍しいことではないのかもしれません。今日も日本のどこかでササが一斉に開花したり、あるいは枯れているかもしれませんよ。

原理・原則23—種子の飛散

天然林でのタネによる樹木の増え方（2）
－タネが広く浅くばらまかれるための仕組み

Point

1. タネはなるべく広く浅く、ばらまかれるほうが、病気や食害のリスクを免れ、明るく、芽生えの成長に好適な環境にたどり着くチャンスも増える。
2. タネは広く浅くばらまかれるための仕組み（羽、柔らかな果肉など）を備えている。
3. 樹木のタネが自然に運ばれる距離は、例外を除いて大変短い。

　豊作となって無事に実ったタネは、その後も運命に翻弄され続けます。

　まず、タネは遠くに運ばれなければなりません。タネをつけた木（これを母樹といいます）の真下ではその樹種を侵す病原菌が多く、生き残れないのです。それに、タネは栄養がありますから、それを食べに動物も集まってきます。それゆえに、タネはなるべく広く浅く、ばらまかれるほうが得策です。それによって、病気や食害のリスクを免れるだけではなく、「いい場所」にたどり着くチャンスも増えます。いい場所とは、明るく、芽生えの成長に好適な環境という意味です（37頁「芽生え期」関連の節もご覧ください）。

羽、柔らかい果肉－タネが広く浅くばらまかれるための仕組み

　そのため、どんな樹木も、タネが広く浅くばらまかれるための仕組みを備えています。風に乗せて運ぶ、柔らかい果肉でタネを覆い鳥などの動物に飲み込ませて遠くに排泄してもらう、真下に落としたあとネズミやリスに運んでもらう、果実が乾いて弾けるときに勢いで飛ばす……などさまざ

まです。
　これは、考えてみると大変な苦労ですね。たとえば風に乗せるためには羽をつけなければなりません。この羽を作るにはそれなりのコストがかかります。鳥に運んでもらうために作る果肉もしかり。糖質や脂質を投入してハイクオリティにしないと鳥が食べてくれません（目立つように色だけを派手にしても、動物に「色仕掛け」はいつまでも通用しないようです）。

　真下に落としてから動物に運んでもらうタネの代表はいわゆるドングリです。これも工夫が施されています。要するに苦いのですよ。渋みというか、えぐ味というか。その原因は、タンニンやサポニンなどの化学物質です（俗にいう灰汁です）。ドングリは、確かにデンプン質が多くて動物にはありがたい餌なのですが、同時に不味くもあります。筆者の想像ですが、せっかく運んでもらっても結局食べられてしまったら意味がないので、食べ残してもらうために、あえて苦くしているのかもしれません。

　ただし、ブナの実はえぐ味がいっさいありません。クルミ（正確にはオニグルミ）もそうです。人間が食べても大変美味しいものです。だとすると、せっかくつけたタネも、ネズミやリスに食べ尽くされてしまうのではないか？と思いきや、そんなことはありません。ブナは前節で述べたとおり、めったに実をつけないので、凶作が続く間にそれを餌にする動物が減ってしまうことがわかっています。なので、豊作のときにタネを大量にドサッと落としても、食べ尽くされる心配はありません。クルミのほうは、外側に硬い殻があり、さらにその外側にタンニンたっぷりの果肉があるので、それで守られているのではないかと思います。

樹木のタネの飛散範囲－95％が30ｍ以内

　さて、話を元にもどしましょう。それではタネはいったいどのくらい遠くまで運ばれるのでしょうか？　事実からいいますと、ドングリやブナのタネは母樹からおおむね15ｍ以内です。カンバやシデの仲間など風に運ばれるタネ、およびハリギリなど鳥に人気のない果実をつける樹木のタネは母樹から30ｍ以内です。この範囲に、母樹のつけたタネの約95％が着

地します。カンバの飛散範囲が狭いのは意外かもしれませんが、筆者が研究で測定したところ、実際そうだったのです。一方、100ｍ以上先まで運ばれるのは、サクラやミズキなど鳥に人気のある果実をつける樹木のタネです。それからカエデの仲間もそのくらいは飛んでいきます。カエデのタネは滞空時間が長いのでしょうね。

　このように、樹木のタネが自然に運ばれる距離は、一部の例外を除いて大変短いのが普通です。とくにブナやナラ類など、森林の重要メンバーのタネの移動距離は、とりわけ短いということ。樹木のタネが飛ぶ距離は過信できない、という原理・原則はきわめて重要です。

図14　種子の飛散測定
1haの範囲に種子トラップをたくさん並べて種子の飛散範囲を調べている様子。

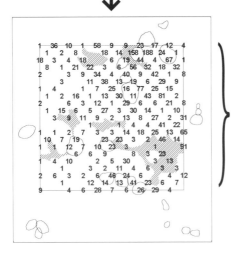

鳥の運んだミズキ種子がまんべんなく分布していることがわかります。
（不規則な円はミズキの成木樹冠。斜線部は林冠のギャップ）

原理・原則24—低木

低木（低いままの木）
－地下部に貯えをつくる低木は伐られても再生しやすい

Point

①低木は光合成で稼いだ分を花と実に、そして地下部へと配分する。

②低木は地下部の貯えが大きく、萌芽によって再生しやすい。

　第２部「樹木の生態」も本節で締めることといたしましょう。最後に述べるのは樹木の生来の大きさです。樹木の中にはスギのように高くなるものもあれば（高木といいます）、ムラサキシキブのように人の背丈くらいにしか大きくならないものもあります（低木といいます）。この性質について原理・原則を考えてみましょう。

低木は花と実、地下部へと貯えを配分する

　木が大きくなる理由よりも、大きくならない低木は何をしているのか、を考えるほうが手っ取り早いと思います。葉をつけ、光合成をするのは、高木も低木も同じです。高木は光合成で稼いだ分を、樹体を大きくする用途に振り分けます。一方、低木は大きくなることよりも、ほかの用途に稼ぎを使います。何かといいますと、まず花と実です。ツツジやニワトコをご覧になればわかるとおり、低木は背が低くても花が咲き、実をつけます。花と実をつけるのに、結構なエネルギーを要することは、すでに述べたとおりです。

　しかし、これだけではありません。花と実だけではなく、地下の根にもかなりの稼ぎを回すことがわかっています。となると、察しがつくのではないでしょうか？　萌芽の項で述べたように、地下部の貯えが大きいと、

地上部を失っても萌芽によって再生しやすいということになります。

　以上述べた稼ぎの使い道は、明るくて光合成を盛んに行える環境でも、暗い林内で光合成があまりできない環境でも、それほど変化がありません。稼ぎの量にかかわらず、低木は花と実に、そして地下部へと、稼ぎを配分する性質をもっています。

低木は伐採されても再生しやすい

　したがって、低木は撹乱で地上部を失っても、大変強い再生力をもっています。低木の萌芽能力は高木を上回ると考えていいでしょう。低木は伐採されても再生しやすい、というのは基本的な原則です。

　また、たとえ撹乱されなくても、低木は株内の枯れた幹を新たな萌芽で繰り返し補充しています。低木の特徴は常に幹を入れ替えることで個体が生きながらえることといってよいでしょう。

ササは種類によって「稼ぎ」を貯える部位が違う

　以上の考え方は、ササにも応用できます。ササの中には、クマイザサ、ミヤコザサ、チマキザサのように刈ってもなかなかなくならない種類と、スズタケやチシマザサのように刈り払いに比較的弱い種類があります。ところで、読者の皆様はササを見分けることができるでしょうか？　どれも似ていますから、自信のない方も多いのではないかと思います。しかし、心配ご無用。実は種類を覚えなくても、両タイプを見分けることが可能です。

　それは、分岐の様子を観察すればよいのです。

　ササは、地上に出てきた1年目は、まっすぐ主軸を伸ばすだけです。そして、それ以上高くなることはありません。翌年からは、主軸の途中から枝を出して葉を増やします。3年目はその枝の途中からさらに枝を出して葉を増やします。そしてこれを繰り返して葉量を増やしていきます。余談ですが、枝分かれの数を先端から逆に数えていくと、そのササが地上部に出てから何年経っているかがわかりますね。

さて、実はこの枝分かれの様子に、違いがあるのです。下の図15で、スズタケとチシマザサは主軸の上半分で盛んに枝分かれしています。葉の稼ぎを貯めておく場所は地表にもっとも近い枝の元から下の部分の幹と地下茎です。したがってこの2種は地上部を刈り取られると、貯めていたものをごっそりと失うことになります。ミヤコザサやチマキザサは、貯めておく部分の約半分が地下にあるため、地上部を刈り取られても貯蓄がかなり残ります。しかも、この2種は地表面付近の軸の節に芽があるので（図の●で示した部分）、そこから容易に再生することができます。

もうおわかりかと思いますが、刈り払いに強いのはミヤコザサやチマキザサ、刈り払いに弱いのはスズタケやチシマザサです。ササの名前を正確に当てることはなかなか難しいのですが、枝分かれの様子を見れば、ササの生態と刈り払いに対する強さ・弱さの見当をつけることはできます。

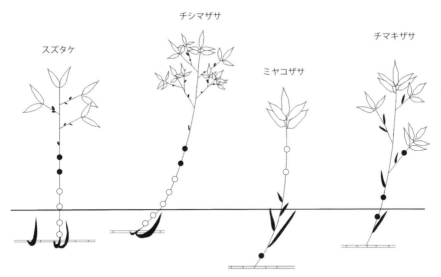

図15　ササの見た目の比較
●は芽をもつ節、○は芽をもたない節を表しています。
（紺野（1977）の図を参考に作成）

基礎編 第3部

森林の生態

ここまでは樹木の生態について、ずっと見てきました。ここから先は、いよいよ森林、すなわち樹木が多数集まって生育する生態系の姿を見ていくことといたしましょう。樹木が集まることで、1本の木の生態とはまた異なる特徴が現れてきます。この第3部では、森林の生態の原理・原則を簡単にまとめてみようと思います。

原理・原則

- ☐ 林分成立段階（天然林・人工林）
- ☐ 若齢段階（天然林・人工林）
- ☐ 成熟段階（天然林・人工林）
- ☐ 老齢段階（天然林）
- ☐ 若齢段階の密度と材積（天然林・人工林）
- ☐ 成熟段階〜老齢段階（天然林・人工林）
- ☐ 更新の可否（天然林）
- ☐ 土壌環境
- ☐ 林床植物の成長パターン、つるの生態
- ☐ 分布を決めるもの
- ☐ 養分の移動
- ☐ 埋土種子の寿命と役割
- ☐ 多面的機能と林分の関係
- ☐ 生物多様性の意味

原理・原則25―林分成立段階、若齢段階、成熟段階（天然林・人工林）

森林の一生（1）
林分成立段階～若齢段階～成熟段階
－林冠の隙間、林床植生の多少に注目

Point

① 森林の経年変化の基本は樹木の成長段階と同じ。

② 森林の成熟段階の識別は、林冠の隙間、林床植生の多寡も指標になる。

　森林は樹木の集合体ですが、あたかも一体の生物であるかのように、時間をかけて変化していきます。しかし、その基本は樹木の成長段階と同じです。この様子をビジュアルに示したのが次頁の図16です。

　この図は森林科学者の藤森隆郎先生が作られたものですが、大変よくできております。筆者が思うに、この図を正確に、深いところまで理解されれば、森づくりの原理・原則を十分に把握したといってもよいほどです。

　それでは、以下、次頁の図に沿って森林の一生をたどってみましょう。

林分成立段階－森林の一生の始まり

　樹木の生い茂る森林も、最初は何も木が生育していない状態から始まります。樹木がない状態は、火山の噴火にともなう溶岩流や火砕流で森林が消滅したためかもしれません。台風で木が根こそぎ倒れてしまったのかもしれません。山火事ですべて燃えてしまったのかもしれません。あるいはもしかすると、人間が伐採したために森がなくなったのかもしれません。いずれにしても、自然の撹乱、あるいは人間による撹乱によって、森林がなくなった状況、ここから森林の一生は始まります。

　天然林の場合は、植物が自然に生えてきます。何も植物がない場合、風

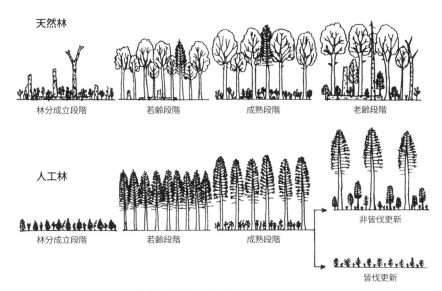

図16　林分の発達段階の模式図（藤森、1997）
この図は、本書で紹介するもののうち、もっとも重要なものといってよいです。
（藤森隆郎著『森林生態学　持続可能な管理の基礎』
全国林業改良普及協会、2006　第12章からの転載）

や動物によって種子が運ばれてきます。風害地や伐採地だったら、萌芽や土中のタネ（埋土種子といいますが、詳しくは後述します。112頁参照）の発芽も加わるでしょう。人工林の場合は、人間が苗を植えることで出発点に立ちます（もちろん自然に出てくる植物も加わります）。こうして森林の一生が始まります。ここからしばらくの期間を林分成立段階といいます。

若齢段階－林冠は樹木の葉で完全に閉鎖

　こうして樹木が成長し、木と木が接するようになれば、そこからが若齢段階です。木はまだ小さいですが、互いに接し、混み合い、せめぎ合っています。人間にたとえると育ち盛りの中学生から高校生のようなイメージです。盛んに光合成を行い、ぐんぐん大きくなります。林冠は樹木の葉で完全に閉鎖していますので、上から注ぐ光はそこで大半が使い尽くされ、

林床にほとんど到達しないのが普通です。図をよく見ると、若齢段階で林床の植生がほとんど存在しない様子が描かれています。光不足で林床の植物相が失われる様子が、きちんと描かれているのですね。また、人工林の場合、間伐をしてもすぐに林冠が閉鎖してしまうのも若齢段階の特徴です。

成熟段階－林冠には隙間があり、林床には植生が繁茂

やがて、樹高成長が鈍化し始めて（広葉樹の場合は横方向への伸びが鈍化し始めて）樹木が成熟期に達すると同時に、森林自体も成熟段階に達します。この段階になると、劣勢木の枯死や間伐などによって樹木が失われても、それによって林冠にあいた孔がふさがるのに時間がかかるようになり、樹冠の間に隙間が生じるようになります。そうなると、光が常に林床まで差し込むようになり、林床には植生が増え始めます。図を見ると、成熟段階の林冠には隙間があり、林床には植生が繁茂し始める様子が描かれています。

以上のように森林が林分成立段階〜若齢段階〜成熟段階と成長するプロセスは、天然林でも人工林でも同じです。あえて区別する必要はありません。どちらも樹木の集合体であるという点では同じものであり、まったく同じように成長するわけです。

樹木単体の場合は樹形や成長で若齢期と成熟期を識別できます。一方、森林の若齢段階と成熟段階は、さらに林冠に隙間があるかどうか、林床の植生が多いか少ないか、という点も判断の指標になります。

基礎編　第3部　森林の生態

原理・原則26―老齢段階（天然林）

森林の一生（2）　老齢段階
－幅広い成長段階の樹木で構成される

Point

①大木が寿命や撹乱で枯れると林冠に大きな孔があき、成熟段階のときよりも明るい環境が部分的に生じる。

②老齢段階の森林は芽生えから老齢木まで、幅広い成長段階の樹木を含む。

③老齢段階にまで人工林を育てることはほとんどない。

森林の老齢段階
－大木が寿命や撹乱で枯れると林冠に大きな孔があく

　樹木が徐々に老齢に達し、樹形が変わり、大きな木の枯死も見られ始めると、森林として老齢段階と呼ばれる状態に到達します。

　大木が寿命や撹乱で枯れると林冠に大きな孔があき、そこから光が差し込み、成熟段階のときよりも明るい環境が部分的に生じます。このような環境では、次の世代を担う稚樹が現れます。この稚樹は、成熟段階のときにすでに生じて待機していたものもあれば、明るくなってから芽生えた実生が成長したものもあります。ただし筆者の見る限り、以前から待機していた稚樹には、すでにある程度の高さになっているというアドバンテージがあり、後から出てきた新参者がそれを上回ることは稀なように思います。

　また、枯れ木が倒れていわゆる倒木となると、ご想像のとおり、そこを苗床のように使う樹木が生じてきます。ところで、なぜ倒木上を好む樹木の種類があるのでしょうか？　理由は、落葉が積もっていないこと、苗を侵す病原菌が少ないこと、周囲の植生に覆われることがないこと、などい

くつか挙げられますが、場所と種類によって、ケース・バイ・ケースのようです。

老齢段階－芽生えから老齢木まで幅広い発達段階の樹木を含む

このように老齢段階の森林は老齢の大木、成長しつつある稚樹、大径の倒木などの特殊な環境など、さまざまな要素を含んでいます（87頁の図16もご覧ください）。こうして複雑な構造となっているのが老齢林の特徴であり、原則です。

ここでひとつ、「老齢」という言葉の意味を考えてみましょう。若齢または成熟段階の森林では、どの樹木も若齢または成熟期にありました。森林の発達段階と樹木の成長段階が一致していたのです。

しかし、老齢段階の森林には、老齢期の樹木があれば若齢期の樹木もあり、稚樹や芽生え、すなわち林分成立段階の要素も含まれています。もちろん成熟期の樹木が生育していることもあります。このように「老齢段階にある森林」でいうところの「老齢」とは、生まれたての芽生えから最高齢の老齢木まで、幅広い成長段階の樹木を含んでいる、という意味です。必ずしもすべての樹木が老齢期というわけではありません。

人工林が老齢段階に達することは現実的にはほとんどない

さて、以上は主に天然林の話です。人工林ではどうでしょうか？　おそらく、木材生産のために管理されている人工林が老齢段階に達することは、現実的にはほとんどないでしょう。スギやヒノキの場合、老齢段階に達するのに、おおむね300年以上を要します。吉野林業などの貴重な例外を除けば、伐期が300年を超えるような林業は、現実の経営としてなかなか成立しにくいと思います。また老齢木では芯腐れなど病気も生じ始めるので、生産する木材の価値という点でも、老齢段階にまで人工林を育てることは難しいと思います。人工林が育成されるのは成熟段階の途中まで、というのが現実の世界です。

人工林が皆伐されると、リセットされて林分成立段階に戻ります。一方、

部分的な伐採によって後述する複層林（あるいは複相林）に仕立てられた場合、老齢期の樹木こそ含まれませんが、若齢から成熟期までさまざまな成長段階の樹木を含む森林となり、構造は複雑になります。少なくとも構造の面では老齢段階にやや近い姿となります。これを成熟段階と呼ぶか、老齢段階と呼ぶかは、ムズカシイところですね（大径の衰弱木、立枯れ木、倒木がなければ老齢段階とはいえないかもしれません）。ただ、名称による区別を工夫するよりも、個々の樹木がどのように成長しうるか、という本質的な観点から、目の前の森林を考えることが重要だと思います。

ちなみに、人工林でありながら老齢段階に達している森林ももちろんありますよ。たとえば古い神社やお寺の裏山の森林。また、古刹でなくても特別な事情により、老齢段階まで育てられた人工林もあります。写真19は、江戸時代に植えられたクロマツ林をある町の人々が代々大切に育ててきて、現在、堂々たる老齢林となっているものです。筆者はここを何度も訪れていますが、威風堂々たる姿を目の当たりにして、行くたびにいつも感動しております。

写真19　直径2mを超えるクロマツの大木
このクロマツ以外にも大小さまざまな樹木が生育している点に注目してください。なお、写真の見出しは正確には「直径2mを超えていたクロマツの大木」と書かなければなりません。実はこの木、筆者がこの写真を撮る直前に残念ながら枯れてしまいました。

原理・原則27―若齢段階の密度と材積（天然林・人工林）

若齢段階での自己間引き法則
－密度が半減すると材積は1.4倍に

Point

1. 若齢段階の森林では個々の樹木が勢いよく成長し、限りある空間を奪い合い、木と木の間に激烈な競争が起こる。
2. 競争の結果、成長の低下した個体が枯れることで本数が自然に減少し、残った樹木が成長を続けていく現象を自己間引きという。
3. 自己間引きで林齢とともに本数が減りつつも林分全体では材積が本数の減少分以上に成長する。

「自己間引き」とは－隣の樹木との競争の結果で起こる

　ここで話を若齢段階の森林に戻し、自己間引きについて述べてみたいと思います。

　若齢段階の森林は個々の樹木が勢いよく成長しているステージです。どの木もより大きくなろうと樹高を伸ばし、枝を横に張ろうとしています。しかし、空間には限りがあります。そのため、木と木の間に激烈な競争が起こります。この競争に敗れた樹木は光を遮られ、葉量を維持するだけの稼ぎを得られなくなり、結局枯れていってしまいます。

　この枯れ方は、老齢期での枯れ方とは根本的に異なります。老齢期の樹木の枯死は寿命をまっとうしたといえますが、若齢期での枯死は、本当はまだ成長できるはずなのに隣の樹木との競争の結果、負けたために起こります。

　この競争による枯れは、個体と個体の間にある程度はっきりした優劣があるときに起こりやすいといえます。劣っている木が枯れると、優っている木がその空間を使うことで、より太く成長します。これが自然のプロセ

スです。

　一方、挿し木で仕立てた人工林の場合は、少し事情が異なります。挿し木による人工林では、すべての樹木がまったく同じ遺伝子をもっています。そのため、樹木同士の優劣があまりありません。どの樹木も、（たとえていうと）お互いに隣の樹木に遠慮をしているかのように、成長をしていきます。その結果、はっきりとほかよりも優勢な個体、劣勢な個体が生じないので、自然枯死による本数の減少が起こりにくいと考えられます。それゆえに挿し木仕立ての人工林では、どの木もひょろ長い貧弱な姿のまま齢を重ねてしまう例も見られます。

　ただし、挿し木で仕立てた人工林が堂々とした成熟林となっている例ももちろんありますから（たとえば74頁の写真17のスギ林）、結局は育て方次第です。

「自己間引きの2分の3乗則」－日本人が発見した生態学理論

　ともあれ、このように若齢段階の森林で樹木が互いに競争し、その結果、成長の低下した個体が枯れることで本数が自然に減少し、残った樹木が成長を続けていく現象を自己間引きといいます。本数は減っていくのですが、それによるロス以上に勝ち残った樹木が成長するので、森林全体の立木材積（＝林分材積）はむしろ増えていきます。これを理論的に研究した成果が、「自己間引きの2分の3乗則」と呼ばれるもので、密度管理図のベースとなった生態学の理論です。

　実はこれは、日本人が発見した生態学の重要な法則で、世界的に有名な理論です。この理論からいうと、若齢段階での自己間引きの結果、たとえば本数が半分になったとすると、林分材積もそれに応じて半分になるかといえば、さにあらず、林分材積はむしろ約1.4倍に増えることになります。数式を示すと立ちくらみをおぼえる方も多いかもしれませんが、それを承知であえてお示しすると、

$$\text{木1本の材積} \propto \text{立木密度}^{-3/2}$$

となります。計算アレルギーがそれほどでもない読者は、この式を使って立木密度を半分にすると林分材積が約1.4倍になることを確かめてみてください。

　しかし、この法則も若齢段階までです。成熟段階に達すると、樹木の枯死が起こっても残った木は応分にしか成長しないので、林分材積もそれほど伸びなくなります。大人の落ち着きとでも申しましょうか。

　このように、若齢段階の森林では、林齢とともに本数が減りつつも林分全体では材積が本数の減少分以上に成長していきます。だからこそ、若齢段階の森林は林冠が豊富な葉で飽和状態となっており、林床まで光が届かず、真っ暗になるわけです。これは針葉樹林も、広葉樹林も同じように当てはまる原則です（写真20）。

写真20　林床が暗くて下層植生も貧弱な若齢段階の人工林（上）とブナ林（下）

基礎編　第3部　森林の生態

原理・原則28―成熟段階～老齢段階（天然林・人工林）

均等配置の法則
―樹木配置の重要原則

Point

① 森林の発達段階が進むにつれて、樹木は自然に均等に配置される。

発達段階が進むと樹木は自然に均等に配置される

　成熟段階～老齢段階の森林では、樹木の配置に関して重要な原則があります。まずは、次頁の図17をご覧ください。

　図17-1は老齢段階にあるブナ原生林の樹木の樹冠の形を地図に記したものです。老齢段階なので、樹冠の大きな老齢木だけではなく、老齢木の枯死跡に成立した若齢段階の部分（樹冠が小さい木が集まっている）や成熟段階の部分（ほどほどに大きな樹冠の木が数本集まっている）もわかります。現時点で無立木となっている部分もありますが、老齢木が倒れた直後の林分成立段階の部分です。

　図17-2には、現在および過去のブナの老齢木の位置を丸で記しています。実線の丸は生きているブナの老齢木です。一方、点線の丸はかつて老齢木が立っていた場所を樹木の分布図から推定したもので、現在は成熟段階（成）や若齢段階（若）、林分成立段階（立）の箇所となっています。いかがでしょう？　この図を眺めてみると、丸（現在と過去の老齢木）が全体に均等に配置されている様子が見て取れると思います。

　さて、こうなる理由ですが、まず、前節で説明した自己間引きのメカニズムによって、成長の劣った木が自然に消失していきます。その結果、お互いにさほど競争しない距離を保った個体ばかりが残るようになり、互いに干渉もせずに生育するようになります。その結果、樹木の分布は、各個体が林分内に均等に配置されるように形作られていきます。

このように、森林の発達段階が進むにつれて、樹木は自然に均等に配置されるようになります。これも間伐の場面で応用できる森林の原理・原則の1つでしょう。

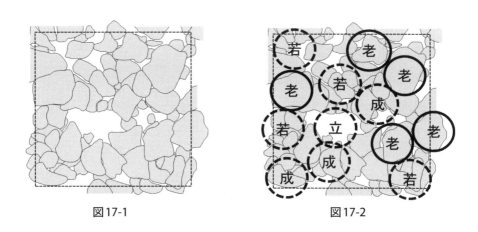

図17-1　　　　　　　　　　　　図17-2

図17-1、17-2　ブナ老齢林の樹冠投影図（50m四方のプロット内で作成されました）
図17-2は現在および過去の老齢木の位置図を図17-1からおおざっぱに推定したもので、「老」は生きている老齢期のブナ、「成」は成熟期のブナを示し、「若」は若齢期のブナが固まって生えている箇所、「立」は老齢木が枯れた直後で林分成立段階にある箇所を示しています。丸を数えるとプロット内に13本、ha当たり換算で52本の老齢木となります。スギやヒノキの成熟林・老齢林に比べると本数がかなり少ないことにも注目しましょう（これについては「間伐は目標林型を達成する手段」の節、122頁も参照のこと）。

（Nakashizuka and Numata（1982）の図に基づいて筆者作成）

原理・原則29―更新の可否（天然林）
親木の直下では更新が起こりにくい
―普遍的な原則

Point

1. 樹木は親木の直下では更新しにくい。

　ところで、ブナの若い木はブナの老齢木が枯死して明るくなった場所（これを「ギャップ」といいます）にしかなく、生きている老齢木の下にはほとんど生育していません。ブナは日陰に耐えて生育するといわれていますが（いわゆる「陰樹」です。57頁参照）、そのブナでさえ、親木の真下ではなかなか更新しにくいということです。

　樹木は同じ種類の親木の直下では基本的に更新しにくい、というのは、普遍的な森林の原理・原則です。その仕組みとして、大きく3つ挙げられます。第1に、昆虫や野ネズミなど、種子を加害する動物の存在です。樹木は種子をある程度広くばらまくことができますが、やはり親木の下に種子は集中して落下します。当然、それを餌とする動物が集まります。その結果、親木の真下に落ちた種子の大半が食べられてしまうことになります。

　第2に、微生物の関与です。親木の真下で動物の食害をまぬがれて発芽しても、今度は病原菌の感染リスクが待っています。芽生えの病害もそれが密集する場所で大流行するので、親木の真下に出現した芽生えは枯れて消えてしまうのです。

　第3は日本のブナ林の特殊事情かもしれませんが、親木の真下は暗いのです。雪国では、ブナはまだ根雪が残っている早春に、ほかの広葉樹よりも早く葉を開きます。根雪が解けてようやく地面がのぞいて種子が発芽したとき、真上のブナがしっかり葉を茂らせているためにそこはすでに暗く、ブナの芽生えもほとんど生き残れません。生き残れるのは、展葉の遅いブナ以外の樹木（カエデの仲間やホオノキなど）の下なのです。

原理・原則30―土壌環境

林床の植物から土壌環境を推定できる

Point

① 土壌のタイプに応じて、生育する草の種類も変わる。

② 草は土壌のバロメーター。

③ 樹木の成長から見た土壌の条件(生産性)を地位と呼ぶ。地位は、林床植物(指標)で推定できる。

土壌から適した植種を選定できる

　ここで、植生のことを述べてみたいと思います。森林というのは、樹木だけではなく、草(正確には「草本(植物)」と書くべきですが)も含めた多様な生物から構成されている生態系です(もちろん、昆虫、鳥類、哺乳類、菌類などもメンバーです)。

　林分成立段階では明るい環境を好む草が、若齢段階では暗い環境に耐える草が、成熟段階ではやや明るい環境に生える草が、老齢段階では幅広いタイプの草が分布します。

　光環境とともに重要なのは土壌の環境です。土壌のタイプに応じて、生育する草の種類も変わります。経験則として、草を見ればその場所の土壌の状態を推定することができます。草は土壌のバロメーターである、というのは、だれでもなんとなく腑に落ちる原理・原則なのではないでしょうか。そして、土壌の状態を推定できれば、その場所での植栽に適した樹木の種類を賢く選ぶこともできます。

林床植物を指標に地位を推定

　樹木の成長から見た土壌の条件(土地生産性。以下、生産性)を地位と呼

びます。林床の植物を指標に地位を推定した試みはこれまでいくつか提示されていますが、ここでは、故・前田禎三先生と宮川清先生が昭和45年に出された冊子内のデータを紹介いたしましょう（100～102頁の表）。

両先生は、地位（Ⅰ、Ⅱ、Ⅲ、Ⅳの4段階）の指標となる植物をまとめられました。地位Ⅰは斜面下部の肥沃な土地でもっとも生産性が高く、逆に地位Ⅳは主に痩せ尾根で生産性はもっとも低いレベルです。ⅡとⅢは一般的にその間の斜面に位置します。

原則としては、地位Ⅰはシダ植物（それも全体に柔らかいもの）や寿命の短い低木の多いのが特徴です。一方、地位Ⅳは、ツツジの仲間（低木としては寿命が長いほう）の多いのが特徴ですね。地位ⅡとⅢは指標となる植物の種類が少ないですが、これは林床植生がないという意味ではなく、この立地の指標となる独特な植物があまりない、ということです。極端な環境には特殊な植物が生育しますが（シダ植物やツツジ科低木）、普通（？）の環境には個性的な植物があまりないのですね。

地位Ⅰ　草本　ツリフネソウ

地位Ⅱ　低木　ヤマブキ

地位Ⅲ　低木　クロモジ

地位Ⅳ　ツツジ科低木　ヤマツツジ

図18　地位Ⅰ～Ⅳの指標となる植物の一例

（藤森隆郎編著『複層林マニュアル 施業と経営』
全国林業改良普及協会、1992からの転載）

表 地位 I〜IV の指標となる植物のリスト

常緑樹林帯（暖温帯）と落葉樹林帯（冷温帯）のそれぞれについて、タイプ別（シダ植物、低木、草本等）に代表的な指標植物を示します。

地位 I	指標となる植物	
	常緑樹林帯	落葉樹林帯
シダ植物	リョウメンシダ／ミゾシダ／ジニウモンジシダ／ハクモウイノデ／キヨタキシダ／イヌワラビ／イノデ類	
	ミゾシダ／ジニウモンジシダ／ハクモウイノデ／キヨタキシダ／イヌワラビ／イノデ類／カツモウイノデ／コクモウクジャク／オオバノハチジョウ／ナチシダ	リュウビンタイ／ナガサキシダ／イワヒトデ／オオキジノオ／オオバノイノモトソウ／キヨスミヒメワラビ／フモトシダ／イワヘゴ／シケチシダ	ヤマイヌワラビ／ミヤマクマワラビ
低木	タマアジサイ／ウリノキ／ミツバウツギ／コクサギ／クサギ／ニワトコ	
	ヤハズアジサイ／フユイチゴ／モミジウリノキ	エゾアジサイ
草本	アカソ／イノコヅチ／モミジガサ／テバコモミジガサ／ミツバ／ウマノミツバ／ウワバミソウ	ミズヒキソウ／ツリフネソウ／キツリフネ／アキギリ／ホウチャクソウ／フタリシズカ
	サンショウソウ／サツマイナモリ／ヌマダイコン／ヤブミョウガ／キミズ／コアカソ／アカソ	ムカゴイラクサ／シロヨメナ／カンスゲ／カメバヒキオコシ／ミヤマイラクサ／クルマバソウ
つる性草本	カラスウリ／キカラスウリ／アマチャヅル	

	指標となる植物	
地位 II	常緑樹林帯	落葉樹林帯
シダ植物	ホシダ ヒメワラビ	
	トウゴクシダ コバノカナワラビ	
低木	キイチゴ ムラサキシキブ ヤマブキ	
	イズセンリョウ	
草本	チヂミザサ トリアシショウマ	
	ハナミョウガ	
つる性木本	フウトウカズラ キヅタ	

	指標となる植物	
地位 III	常緑樹林帯	落葉樹林帯
シダ植物	ワラビ	
	ホソバカナワラビ キジノオシダ コハシゴシダ	シシガシラ
低木	ヒメハギ ヤブムラサキ クロモジ ツクバネウツギ コアジサイ コバノガマズミ	
	アリドオシ シロバイ ヒサカキ コンテリギ ハイノキ	
多年草	チゴユリ	
	イチヤクソウ	ミヤマカンスゲ ツルアリドオシ

地位IV	指標となる植物	
	常緑樹林帯	落葉樹林帯
シダ植物	ヒカゲノカズラ	
	ウラジロ コシダ	ヤマドリゼンマイ オニゼンマイ
多年草	キッコウハグマ タガネソウ	
		オオイワカガミ イワウチワ
ツツジ科低木	ミツバツツジ ヤマツツジ アセビ ネジキ オオバスノキ アクシバ ナツハゼ	
	シャシャンボ サクラツツジ コバノミツバツツジ ウンゼンツツジ	トウゴクミツバツツジ サイゴクミツバツツジ チチブドウダン バイカツツジ ホツツジ ハナヒリノキ
低木	ソヨゴ リョウブ コウヤボウキ ナガバノコウヤボウキ	
	ヤブコウジ	マルバマンサク オトコヨウゾメ
つる性木本	テイカカズラ	

資料：前田禎三・宮川 清著『林床植生による造林適地の判定
わかりやすい林業研究解説シリーズNo.40』日本林業技術協会、1970

　ついでながらもう１つ大切なことは、地位Ⅰの指標となる植物の種類の多さです。地位Ⅰの立地は渓流近くにあることが多いのですが、こういった環境は植物の多様性が高いことを意味しています。ゆえに、渓流沿いに分布する渓畔林は生物多様性を保全する上で、きわめて重要な役割を担っていることがうかがえます。

原理・原則31—林床植物の成長パターン

林床植物
—光合成の産物を根系へと貯え、その養分を展葉に使う

> **Point**
> 1. 林床植物は多年生草本が中心。
> 2. 6～7月、根系に貯えられた養分の量はもっとも少なくなり、8月以降は光合成の産物を地上から根系へと貯え、その養分を翌春の展葉に使う。

光合成のピークは6～8月

　樹木は長生きする生物ですが、実は林床に生育する草本やササ類も意外と長い寿命を持っています。森林に生育する草本は多年生草本がメインです（1年生草本の典型は、1年で花と実をつけて枯れてしまうアサガオですね）。冷温帯の多年生草本の多くは、夏は地上に葉・茎・花を出し、冬は地中で根だけが生きています。ササの場合は、草本と違って冬も葉をつけている点で草本と異なります。

　しかし、多年生草本とササの年間を通じた生き方は、基本的に似ています。春、多年生草本は新しい葉を地上に出し、ササはタケノコを出します。この元となるのは、前年のうちに根系に貯えられた養分です。そして6～7月頃には、根系に貯えられた養分の量はもっとも少なくなります。ちょうどその頃に、地上に新しく展開した葉の光合成量がピークとなり、8月以降は光合成の産物を地上から根系へと送ってそこに貯え始めます。そして、秋の頃には根系部の養分量が元のレベルに戻り、また翌春に新しく葉や枝を作るために使われます。

　以上のようなパターンは、林床の草本やササだけではなく、萌芽更新しているコナラやクヌギも同じです。

原理・原則32—つるの生態

つる植物
－巻き付き型と張り付き型

Point

1. つるの成長の早いのは、自立するための硬い細胞を作ることが不要だから。
2. 林床に張り巡らせたつるの根やほふく枝のネットワークで養分の受け渡しがある。

さて、ここでつる植物についても触れておきましょう。いうまでもなく、森林内にはつる植物も生育しています。タイプには大きく3つありますね。フジ、アケビ、クズのように幹に巻き付くタイプ、イワガラミ、ツタウルシ、テイカカズラのように吸着根を出して幹に張り付いて登っていくタイプ、ヤマブドウのように巻きひげを使って登っていくタイプなどがあります。

1年間に3～4mも伸びることも

　巻き付くタイプや巻きひげを使うタイプは、明るい場所であれば、1年間に3～4mも伸びることもあります。なぜそんな芸当が可能かというと、木にもたれかかってラクをしているからです。普通の木のように自立するためには硬い細胞を作らなくてはなりませんが、それにはコストがかかります。しかし、巻き付くタイプ、巻きひげを使うタイプのつるはそこまでコストをかけずともスルスルッと上に伸びることができるわけです。

　もう1つ重要な点として、林床に張り巡らせた根やほふく枝のネットワークも見逃せません。つるの種類によっては、おそらく稼ぎのよいつるから稼ぎの悪いつるへ、ネットワークを通した養分の受け渡しがあると思います。そういうこともあって急激な伸びが可能となっているのではないでしょうか。こういった養分を使っているという意味では、草本やササと

同じような生き方といえるかもしれません。実際、ササは稈同士が地下部を通して養分のやり取りを行っていることが知られています。

巻き付き型のつるの楽園－若齢段階の森林

　巻き付き型のつるは、このように素早さを売りとするのですが、とっかかりにできるのは細い木のみです。ある程度太い木になると、さすがに一周して巻き付くことは簡単ではありません。したがって、巻き付き型のつるは林分成立段階から若齢段階では、手当たり次第に樹木に取り付くことができますが、成熟段階の森林では下層に生えている細い低木や稚樹に巻き付いていくことになります。後者の場合、うまく行けば、低木・稚樹→ある程度背の高い中径木→林冠に達している大径木、と乗り移っていくことができますが、なかなかそう順調には行かないようです。それを思うと、林分成立段階～若齢段階の森林は、巻き付くタイプのつるにとっては楽園のようなところでしょう。どの木も細いので巻き付く対象には不自由しません。しかも、巻き付いた木もその周辺の木もどんどん上に伸びていくので、一緒に上に伸びていくことができます。これほどラクなことはありませんが、あくまでも林分成立段階以降の一時期に限られます。

張り付き型のつる－どの段階の森林でも木に取り付く

　一方、張り付き型のつるは、どの段階の森林でも、木に取り付いて登り始めることができるという強みがあります。しかし、巻き付き型に比べると、ゆっくりと伸びていきます。たとえ若齢段階でも、それほど素早くは伸びません。

　このように自然界には必ず、どこかに長所があれば、同時にどこかに短所があるものです。一般に「トレードオフ」と呼ばれる、自然界の仕組みで、決して揺らぐことのない原則です。ちなみに「スギ・ヒノキとアカマツ・カラマツを比較する」の節（66頁）で述べたように、寿命の長さと更新のしやすさにもある程度トレードオフの関係があるのではないか、というのが筆者の想像です（あくまでも想像であり科学的な裏付けはありません）。

原理・原則33―分布を決めるもの

樹木の分布と適地適木は同一ではない
―各樹種の縄張り争いと複雑なプロセス

Point

1. 好ましい土壌では、樹木の種類間で陣取り合戦が起こり、結果、生育に適さない場所に分布している樹種もある。
2. 前生稚樹も樹種本来の適地を反映しているとは限らない。

スギ・ヒノキは陣取りが苦手

前の2節では草本、低木、ササ、つるなどの話がメインでしたが、本節では本丸ともいえる樹木の分布について考えてみましょう。

天然林では、谷から尾根に上がるにつれて樹木の種類が変わるように見えます。たとえば尾根にはアカマツやリョウブが目立ちますし、冷温帯であれば沢沿いにはトチノキ、サワグルミ、ハルニレなど「いかにも」といった感じの樹木が生育します。暖温帯の照葉樹林でも、沢沿いにはホソバタブが目立つほか、ハルニレも多く生育しています。

では、この分布の見た目の様子がそのまま、各樹種の適地を表しているかというと、実は意外とそうでもありません。草本は立地環境の指標として用いても問題ないのですが、樹木については、多少注意が必要です。

その典型的な例が天然のスギとヒノキの分布でしょう。さきほども述べたように、スギやヒノキは常に水を吸い続けていなければいけない樹種です。となると、天然の分布でも水分環境のよい場所に生えていそうなものですが、実際は逆です。秋田県の天然スギも京都の芦生のスギも高知の魚梁瀬のスギも、四国の暖温帯の天然ヒノキも、屋久島のスギも、いずれも尾根沿いに生えている様子が目立ち、沢筋にはそれほど多くありません。

なぜこのようなことになるのでしょうか？　理由は簡単で、樹木の分布は、たとえていえば、縄張りをめぐる勝負の結果だからです。スギもヒノキも本来は適度に湿った土壌をもっとも好みます。しかし、そういう土壌はほかの樹種にとっても一番好ましい土壌です。そこで、樹木の種類間で陣取り合戦が起こります。スギやヒノキは、この陣取り合戦が意外と苦手なため、自然状態では、本来は生育にあまり適さない尾根筋に追いやられて分布することとなります。

写真21　天然スギの分布（秋田県）
この写真から天然スギが尾根周辺に偏って分布している様子が見て取れます。このパターンは天然のヒノキやヒバにもしばしば見られます。
（写真を提供してくださった森林総合研究所東北支所・直江将司さんに感謝いたします）

前生稚樹は樹種本来の適地を反映しているとは限らない

　もう1つ重要なことがあります。それは林内に生育している前生稚樹（後述の「前生稚樹」の節、113頁〜を参照してください）の分布も、その樹種の本来の適地を反映しているとは限らない点です。樹木のタネは親木からおおむね50mの範囲内にばらまかれます。その結果、適地・不適地のど

ちらにも芽生えが現れ、そこで生き残れば前生稚樹になります。この前生稚樹の段階の樹木は、尾根・谷などあまり極端な環境に偏らず、むしろマイルドな環境を好む傾向があります。そして、ある程度大きく育った段階にくると、谷筋、尾根筋と分布が分かれてくるようになります。

　芽生え〜前生稚樹から上の段階に成長する過程で、不適地に定着してしまった木も、そこを適地とするほかの樹種との競争に勝てば、その場所で大きくなります。逆に運よく適地に定着したとしても、そこを適地とする強力なライバルがいれば、やはり競争の結果、その場では生き残れないことがあります。上述のスギやヒノキはまさにこの場合に該当します。

長い時間軸での変化をイメージする

　このように、自然状態の樹木の分布を観察したとしても、それがそのまま、いわゆる「適地適木」（後述します。157頁）の仕組みにしたがっているのかというと、必ずしもそうではないといえます。目の前に見える樹木の分布は、実は、かなり複雑なプロセスを経て出来上がっているのです。

　このことを普遍化して述べますと、野外の森林で観察された現象が、そのまま森林の仕組みを示しているとは限らない、ということになります。観察というものは、長い時間をかけて成長・変容していく森林の、ある一瞬を切り取ったスナップ写真のようなものです。観察するだけではなく、長い時間の中での変化をイマジネーションする、すなわち頭の中で動画を作成するようなことが大切だと思います。私たちは自分の目で見た現象を一般化して捉えがちになりますが、その現象は、その場所でそのタイミングでたまたま見られたものにすぎないのかもしれません。そのように、常に一歩引いて考える必要があるでしょう。筆者自身への戒めも込めて、このことをあえて述べておきます。

原理・原則34―養分の移動

養分移動の法則
－土壌から地上部へ

Point

1. 地上部では、窒素のかなりの割合が葉に集まっている。
2. 地下部から地上部への養分の移動は、老齢段階の手前まで続く。
3. 土壌中の窒素量は地上部の数倍以上であることが多い。

　生物だけではなく、窒素、リンなどの養分も森林のメンバーです。養分が森林のどこにあるのかは把握しておく必要があるでしょう。養分を損なわず、いつまでも土壌を肥沃に保ちながら林業を行うには、欠かせない知識です。

養分は土壌から樹体内に移動する

　そこで、養分がどこにあるのかということですが、もちろん土壌の中にあります。しかし、森林が若齢段階から成熟段階へと成長するプロセスで、樹木は土壌中の養分を吸収します。それにともない、養分の一部は土壌から樹体内に移動します。

葉の重さ（スギ林4割、ヒノキ林2割）と窒素の割合

　それでは、移動した養分は、葉と「幹＋枝」のどちらに多いのでしょうか？　（なお、ここから先は、「葉＋幹＋枝」を地上部と称することといたします）
　それは、樹木の種類によって異なります。全体の重量で見ると、スギ林では葉の重さは地上部全体の約4割ですが、窒素に限ってみると、葉の中に地上部全体の窒素の約半分が集まっています。ヒノキ林では、葉の重さは地上部全体の約2割ですが、窒素に限ってみると、やはり葉の中に地上部全体の窒素の半分が集まっています。どちらの森林も、窒素のかなりの

割合が葉に濃縮されて集まっているようですね。ちなみにアカマツ林の場合は、葉の重さは地上部全体の約1割と少ないのですが、窒素に限ってみるとやはり葉に多く、地上部全体の3割が葉にあります。

このように地上部では、窒素のかなりの割合が葉に集まっています。これは知っておくべき重要な原則です。

老齢段階の手前まで続く養分の移動

地上部の養分の一部は、葉や古い枝が落ちることで土壌に還っていきますが、葉の養分の一部は、葉が落ちる前に枝・幹に戻ることが知られています。それを元手に、翌春新たに枝や葉が作られ、また、若齢段階では、それだけでは足りずに土壌からさらに養分を吸収するでしょうから、土壌から地上部への養分の移動は、老齢段階の手前まで続くと思います。

なお、落ちた葉や枝に含まれる養分はミミズなどの土壌動物やバクテリアなどの微生物による分解を経て、再び植物が吸収できる形態となります。このプロセスがスムーズに進む生態系は健全といってよいでしょう。

土壌中の窒素量は地上部の数倍以上

さて、そうなると次は、地上部と土壌の養分の比率が気になるところです。しかしこれは、森林のタイプだけではなく、地質、地形によってもさまざまです。また、土壌の深さごとにも異なります。したがって、シンプルにこうだといえるものではありません。

いろいろなデータを眺めていると、日本の場合、土壌中の窒素量は地上部の数倍以上であることが多いようです。土壌中の養分はかなり多いのですね。しかし、択伐や間伐で全木集材を行うと（つまり葉も含めて地上部をもち出すと）、残った樹木の成長が低下するというデータもあります。こういう場所はそもそも土壌中の窒素量が少ないのかもしれません。残念ながらデータが少ないので、「かもしれません」としか書きようがありません。

大気から補充される窒素、されないミネラル

　なお、窒素は降雨や微生物の活動によって、大気から少しずつ土壌に補充されることがありますが、リン、亜鉛、鉄などのミネラルは大気から補充されることはほとんどありません。母材のゆっくりとした風化でのみ、補充されます。したがって、一度森林から失われると、元のレベルに回復することはほとんど望めないかもしれません。

　……と述べてきましたが、窒素以外の養分も実はちゃんと森林の外から自然に補充されている、という学説も見られます。たとえば、森林の外から飛んできた虫が森のなかで死ぬと、それが土に還ることで養分が補充される、という説。また、海から遡上してきた魚をクマなどが食べて森林内で糞をすることで、森林から海に下った養分が、再び森林に還る、という説。……など、どれも面白い話で荒唐無稽のようですが、おおいにありうる話だと思います。もちろん、それがどこまで森林の外からの補充に効果的で意味があるのかは、まだ明らかにされていません。しかし、もしもそれが有効だとすれば、林業の実益上からも、森林の中と外を行き来する虫や動物を大切にしなくてはいけないのかもしれません（おっと、増えすぎたシカのような厄介者もいますが）。さらに、中国大陸から黄砂などとともに補充されているという説もあります。

　もちろん、人間がわずかながら森林に養分を還すこともありますよね？ 少なくとも筆者は身におぼえがありますが……スミマセン、下世話な話でした。

原理・原則35―埋土種子の寿命と役割

森林の世代交代に埋土種子(まいどしゅし)は当てにならない

Point

① 森林の土壌中には発芽せずに存在しているタネが多数あり、これを埋土種子という。

② 大半の樹木のタネの寿命は4～5年に満たない。

③ 森林の世代交代や天然更新に大切なのは、埋土種子よりも実生や稚樹の貯えの方である。

森林の土壌中の埋土種子

　ここまで、樹木、草、養分について述べてきました。もう1つ忘れてはならないのは、タネのことです。森林の土壌中には、発芽せずに存在しているタネが多数あります。これを埋土種子といいます。欧米では種子銀行（seed bank）という呼び名も使われていますが、日本ではその呼称は使われていません。

　埋土種子の中には、毎年少しずつ発芽してくるものもあれば、大きな樹木が枯死して光が下まで差し込むと、あたかもそれを待っていたかのように発芽してくるものもあります。

　天然更新を考える際に、この埋土種子に期待がかかることがあります。そこで、森林の埋土種子の原理・原則を考えてみましょう。

樹木のタネの寿命は4～5年未満

　結論からいいますと、天然更新に際して埋土種子を過信することはできません。なぜならタネにも寿命があるからです。メジャーな樹木では、ブナやナラ類のタネ、いわゆるドングリの寿命は半年。サクラやカエデのタネの寿命は半年～数年、カンバ類のタネは長くてせいぜい4～5年です。

ハクウンボクやホオノキのタネは比較的寿命が長いほうですが、それでもせいぜい10年です。基本的に大半の樹木のタネの寿命は4～5年に満たないレベルです。

したがって、森林内の埋土種子はその場に生育している高木、低木、草本が数年以内に落としたタネで成り立っているといってよいでしょう。10年以上前からのタネが積もり積もって貯えられているわけではありません。天然林なら多様な樹木の埋土種子が常にあると思いますが、人工林の場合、30年生以上ともなれば、林床にわずかに生育する低木や草本の埋土種子があるくらいでしょう。

もちろんタネの寿命の長い樹木もあります。アカメガシワ、ヌルデ、カラスザンショウ、タラノキ、クマイチゴなど、森林を伐採すると一斉に生えてくる樹木は、(そういう様子からの推定ですが)かなり長い寿命のタネをもっていると思います。人工林の埋土種子にも多いことでしょう。ただ、こういった樹木はどちらかというと例外といえるでしょうし、また、原植生や潜在自然植生および林業における樹木の本命でもありません。

なお、そのほかの樹種で、伐採後に一斉に生えてくるように見えるものはタネからではなく、林内で生きていた実生や稚樹が成長したものと見てよいでしょう。このように、林内で細々と生きている実生や稚樹のことを前生稚樹といいます。これを、欧米では実生銀行(seedling bank)ということがありますが、この呼称も日本には定着しませんでしたね(英語の「bank」はお金だけではなく何かを貯めておく場所という意味があるので、実は日本語の「銀行」よりも広い意味をもっているのです)。

埋土種子の寿命が尽きる頃

以上のことを踏まえて、埋土種子の状態がスギやヒノキの人工林の成長とともにどのように変化するか、考えてみましょう。

まず、林分成立段階です。この段階では、森林が撹乱や伐採でなくなる前に貯えられていた埋土種子が一斉に発芽し始めます。そしてわりと速やかに埋土種子は枯渇してしまいます。ただし、タネをつけるまでに時間の

かからない草や低木は短期間で花が咲くまでに成長し、タネを落とし始めます。そのタネはそのまま埋土種子となるでしょう。その後、若齢段階までは、このときに貯められた埋土種子がなんとか残っていると思われます。したがって、もしも若齢段階の森林が撹乱されたり伐採されたりすると、埋土種子から主に草や低木が一斉に出てくることでしょう（実際にはこれに萌芽が加わります）。

しかし、若齢段階に入ると草や低木も少なくなってタネの補充が激減し、成熟段階に入るまでには、ほとんどの埋土種子の寿命が尽きてしまっています。それでは埋土種子がゼロになってしまうのかというと、必ずしもそうではありません。森林内には、常に遠くからタネが飛んできています。あるいは鳥や獣に運ばれてきています。ただし、数としては微々たるものですし、寿命は短いので、林齢とともに数を増やして蓄積されるよりも、発芽してタネがなくなっていくほうが勝ります。唯一、さきほど述べたアカメガシワなど、例外的な樹木の埋土種子だけは徐々に貯えを増やしていくでしょう。成熟段階以降では林床に増えてくる低木や草も埋土種子の源になります。

森林の世代交代には実生や前生稚樹が有効

広葉樹林の場合、成熟段階になると上層の樹木自体が花をつけタネをつけるようになるので、それによって高木種の埋土種子が作られますが、やはりほとんどのタネは寿命が短く、またタネとして待機し続けるのではなくて発芽して実生になってしまいます。

したがって、成熟段階以降の森林が撹乱され、あるいは伐採されるとアカメガシワやヌルデなどの埋土種子が一斉に発芽してくることでしょう。それに加えて、ほかの高木種の実生が生き残って前生稚樹となっていれば、それも成長を加速し始めます。いずれにしても、本命樹種の天然更新に埋土種子が果たす役割はそれほど大きくはありません。森林の世代交代や天然更新に大切なのは、実生や稚樹の貯えのほうである、というのが原則です。

基礎編　第3部　森林の生態

原理・原則36―多面的機能と林分の関係

森林の多面的機能の変化
－成長とその他の機能は逆のパターンを示す

Point

1. 多面的機能は森林の葉の量に大きく影響を受け、林分成立段階から若齢段階にかけて生産以外の多面的機能は低下する。
2. 森林の成長は、葉の量に比例し、葉の量が最大値に達する若齢段階で、成長も最大となる。

若齢段階では、生物多様性と水源涵養機能性は低下

　森林は木材を生産する以外にも、さまざまな恩恵を人間に与えてくれます。従来から森林からの恩恵のことを多面的機能と呼んできましたが、最近では、生態系サービスという呼称も定着してきています。

　多面的機能も、原則としては森林の葉の量に大きく影響を受けます。基本的に、林分成立段階から若齢段階にかけて森林全体の葉の量が増すのにともなって、樹木の成長量以外の多面的機能は低下します。藤森隆郎先生がこの様子をわかりやすく図にまとめておられますが、その図を藤森先生了解のもと、筆者なりに改変したものを117頁、図19に示します。ここでは、生物多様性の保全機能と水源涵養機能に着目して説明してまいりましょう。

　まず生物多様性についてですが、林分成立段階は光が直接林床に注ぐので、明るい環境を好む生物が生息できます。そのために生物多様性が高い状態となります。タラノキなど明るい環境を好む樹木が生育できるので、単に多様性が高いだけではなく、ある種の山菜が大量に採れるのも林分成立段階の大きな特徴です。しかし若齢段階に入って林冠の葉の量が増え、

林床が暗くなり始めると、植物の生育に不適な環境となり、生物多様性は急速に低下するわけです。

　水源涵養機能のうちの洪水調節機能や渇水緩和機能は、森林があることで、雨が多くても少なくても、一定量の水が河川に出てくる仕組みをいいます。しかし出てくる水の総量は、林分成立段階から若齢段階にかけて大きく低下します。なぜならば、育ち盛りの若齢段階では、樹木が水を盛んに吸い上げるからです。また、葉にぶつかって地面に届かない雨滴も多いことでしょう。そのため、河川に流れ出る水の量が減ります。

　以上のように、若齢段階ではさまざまな機能が低下するのが特徴です。これはスギの人工林だろうと、ブナ林だろうと変わりません（写真20、94頁参照）。しかしこの段階を過ぎて成熟段階になると、すでに述べたとおり樹木の成長は落ち着きを見せ始め、林冠の隙間も増え、生物多様性や水源涵養機能も再び向上してきます。そして、老齢段階に近づくにつれて、各種の多面的機能は本来の状態に戻っていきます。以上が森林の成長にともなう多面的機能のおおよそのパターンです。

材積成長を解く2つの学説

　一方、森林の成長は、逆のパターンを示します。成長は葉の量に比例しますから、葉の量が最大値に達する若齢段階で、成長も最大となります。この段階は、以前の節で述べたとおり、自然枯死で本数が減る効果を成長による林分材積の増加の効果が上回る時期です。

　しかし、成熟段階に達すると幹の量が増えてきて、いわば維持費がかさむようになります。葉の量は一定なので、稼ぎは変わらないのですが維持費が増えていくので、森林全体の成長量は低下し始めると考えられます。それを表したのが、図19(下)の実線です。

　しかし、最近の研究では別の考え方も提示されています。前に述べたとおり、幹は死んだ細胞の集まりです（生きているのは表面近くの細胞のみ）。ですから維持費は思ったよりも増えず、成熟段階でも高い成長を保ち続け、そして、老齢段階で撹乱が生じると、そこで成長が低下する……という説

も提示されています。図19(下)の破線がそれを表しています。

　実際のところ、どちらが本当なのでしょうか？　筆者が思うに、樹木の種類によって異なるはずです。最近のデータでは、スギやヒノキは破線のパターンに近いことが示されています。だとするとスギ・ヒノキ林の成長は成熟段階に入ってもそれほど低下せず、撹乱を被るまで材積を増やし続けるかもしれません。後ほど図25-4(155頁)に示すカラマツ林の成長パターンも、似たものがあると思います。

　一方、さすがにそれは極端で、実際には成熟段階以降は微減に転じる、という別の学説も最近提唱されています。高成長維持説と成長微減説のどちらがより真実に近いかは現時点では未解決であり、また、樹種や環境にもよると思います。しかし、いずれにしても森林の成熟段階以降の成長は、かつて考えられていたほどには低下しないと考えてよいでしょう。これは、かなり重要な原理・原則としてご記憶ください。なお、このように従来の学説がひっくり返ることは、とくに珍しいことではありません。最後にも述べますが、既存の定説を盲信せずに疑うことも森づくりの原理・原則といえます。

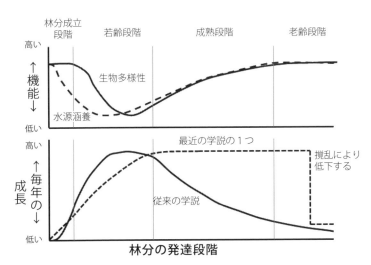

図19　森林の発達段階にともなう多面的機能と成長の変化

(全国森林組合連合会制作・編集『森林施業プランナーテキスト　改訂版』
森林施業プランナー協会、2016　筆者担当章の図を改変)

原理・原則37―生物多様性の意味

生物の多様性の意味とは？何に役立つのか？

Point

1. 生物多様性の主要素は、「その場所で生きている生物の種類の数」。
2. 生物多様性を保つには、地域にもともとある多様な環境を保つことが重要であり、このことを「景観の多様性」という。
3. 地域の生物多様性を保つために、原生林≒老齢段階の森林を保護することが重要。

生物多様性＝「その場所で生きている生物の種類の数」

これまでにも少し話題に出てきた生物多様性について、もう少し詳しく説明したいと思います。そもそも生物多様性とは何でしょうか？　単純に述べれば、「その場所で生きている生物の種類の数」のことです。それを念頭に以下をお読みください。

生物はそれぞれ好む環境が異なります。明るい環境を好む植物もいれば（前節で述べたタラノキが典型的です）、成熟段階の森林のほんのりと明るい環境を好む植物もいます（シダ植物などが典型的です）。動物もしかり。ウグイスのようにヤブを好む小鳥もいれば、キツツキの仲間のように、大きな木のある森林を好む鳥もいます。シカは明るい場所と暗い森林が両方揃っているような場所をもっとも好むといわれています。

このことから考えれば、たくさんの数の種類の生物が生育できるようにするためには、さまざまな環境が地域内になければなりません。したがって、生物多様性に配慮するからには、環境の多様性を保つ必要があります。つまり、明るい草原から鬱蒼とした老齢林までの一連の生態系、川沿いの湿地など、地域にもともとある多様な環境を保つことが重要です。このこ

とを専門的には「景観の多様性」といいます。「景観」とは、一定の広がりをもち、さまざまな環境要素が組み合わさっている範囲のことを指す学術用語です(風景を示す景観の意味ではありません)。

バランスがとれている老齢段階の森林

　したがって、真っ暗な若齢段階の森林ばかりでは、あまり好ましい景観とはいえません。また、林分成立段階の森林ばかりでも明るい環境だけになるので生物の種類が偏り、成熟段階ばかりでも偏りが生じます。もっともバランスがとれているのは老齢段階の森林だと思います。老齢段階の森林では、暗い場所から明るい場所まで、さまざまな環境が含まれています。こう考えると、地域の生物多様性を保つために、老齢段階の森林（≒原生林）を保護することが重要であるという原則がおわかりいただけるでしょう。また渓畔林が重要であることも、102頁ですでに述べたとおりです。

　そして、次に重要なことは、面積です。たとえ老齢林であっても、面積が狭ければそこに生育する生物の種類の数も多くはありません。広ければ広いほど、生物の種類数も増えていきます。

　また、面積が広いといっても、細切れの狭い老齢林がたくさんあり、合計としては面積が広い、というのでは効果はいまひとつです。1つにまとまった広い面積の老齢林、というのが理想的です。まとまることで生物が自由に移動できる空間が生まれるからです。老齢林と老齢林の間に大きな道路や農地があると、それだけで生物の移動が妨げられます（動物も、植物のタネも）。国立公園や生態系保護地域が、大きくまとまった面積で設定されているのは大変意味のあることです。

　さて、さらにもう1つ気をつけるべきことがあります。それは遺伝子の多様性の確保です。人間にもさまざまなタイプの人がいて社会が成り立っているように、同じ種類の樹木でも、個体の性質にバラツキがあるほうが集団として安定して存続し、その結果、森林全体としても安定します。そのためには、ある程度多くの個体を生育させるようにしなくてはなりません。樹木の場合、最低限の目安として、1つの保護林内に、保全対象の樹

木1種類につき成熟期以降の樹木200本以上がその安定した存続のために必要だといわれています。これはあくまでも最低限ですので、本数が多ければ多いほど遺伝的多様性を保つには有効です。もちろん、まばらに生育している樹木を保全するのであれば、必要な面積は当然広くなります。

　樹木ではなく、動物を保全するにもある程度以上の面積が求められます。筆者の見解では、たとえば森林性の鳥類（クマタカなどの猛禽類は除きます）が安定して繁殖するためには、100ha以上の面積の広葉樹林が途切れずにまとまって存在する必要があると考えています。

生物多様性は何に役立つのか

　さて、それにしても生物多様性は何の役に立つのでしょうか？　景観の多様性や種の多様性が高ければ、森林から多様な生産物を人間が得ることができます。それは具体的な食料や材料だけではなく、芸術の題材や地域のシンボルなど、無形のものも含みます。

　遺伝的多様性が高ければ、林業的には、多様な品種を確立するもとになります。たとえば、一口にスギといっても成長の早いもの、病気にかかりにくいもの、材が緻密なもの、雪圧に強いもの、花粉が少ないものなど、個体によってさまざまな個性があります。こういったさまざまな個体を選び出すことで品種を開発し、林業で活用することが可能となります。また想定外の自然撹乱があったときに多様な種類の植物が揃っているほうが生態系の回復も早いでしょう。

　しかし、本当に重要なことは、役に立つ立たないではなく、自然に対する畏敬の念と、多様な生物を保つことを是とする倫理観である、というのが筆者の考えなのですが、どうでしょうか？

応用編 第4部

森づくり

　ここまで日本の自然環境、樹木の生態、森林の生態について、森づくりに関連しそうな原理と原則を述べてまいりました。
　第4部では、森づくりを考える際に原理・原則をどのように応用することができるのか、読者の皆様とともに考えてまいりたいと思います。

原理・原則

- □ 間伐の目的、間伐の直径コントロール機能
- □ 診断の根拠となる指標
- □ 形状比（樹高と直径の比率）、間伐率
- □ 列状間伐
- □ 密度管理図
- □ 間伐と多面的機能
- □ 樹冠（広葉樹）
- □ 二酸化炭素
- □ 生産目標と伐期、適地適木
- □ 皆伐面積、地力低下、初期保育、皆伐方法
- □ 混交林、天然更新、天然更新と林業経営
- □ シカ個体数増減
- □ 目標林型モデル、森林管理と目標林型
- □ 疑う姿勢、正解のない森づくり

原理・原則38―間伐の目的

間伐は目標林型を達成する手段

Point

1. 産業として人工林の生産目標を達成するために間伐を行う。
2. 間伐は、森林の成長を人間の手でコントロールする手段である。
3. 目標林型で重要な要素は木の「太さ」であり、目標直径を設定すると目標本数がほぼ自動的に決まる。

間伐の目的－産業として人工林の生産目標を達成するため

　応用編では、間伐について考えることから始めましょう。

　そもそも、間伐は何のために行うのでしょうか？　本当にしなければならないのでしょうか？

　結論から申し上げれば、産業として人工林の生産目標を達成するためには、上手な間伐が必須です。

　では、生産目標とは何でしょうか？
それは、何年後に、どんな品質の丸太を、どのくらいの大きさにまで育てて、何本生産するか、という産業として当然あるべき目標値のことです。何も目標がなければ、森林は自然に成長し、やがて多様性の高い老齢段階に達するのですから、そのままおいておけばよいのです。しかし、人工林で具体的な目標をたててそれを達成するためには、その成長を人間の手でコントロールしなければなりません。そのコントロールの手段が、まさに間伐なのです（間伐によって伐った木を搬出すれば、間伐は成長のコントロールであると同時に生産行為ともなります）。より狙いどおりにコントロールするためには、ここまで述べてきたさまざまな原理や原則を活用することになります。そして、目標値（どんな大きさや質の丸太が何本取れるか）が実現され

た姿のことを、本書では木材生産を目的とした森林における「目標林型」と呼ぶこととしましょう。

目標林型でもっとも重要な要素－目指す木の太さ

　間伐について深める前に、まず前提となる目標林型について考えてみましょう。目標林型でもっとも重要な要素は、大きさです。具体的には太さ、すなわち直径です。どのくらいの太さの丸太を目指して育てていくか、これが目標林型の最重要事項といってよいでしょう。

　ここで参考にするのは、自己間引きの原則と、成熟段階以降に森林の成長がやや落ち着くという原則です。自己間引きは、若齢段階の森林で樹木同士が大きさを競い合い、競争に負けた個体が枯れることで本数が減少し、その減少分以上に残った木が成長する過程のことでした（92頁）。しかし自己間引きのステージを過ぎ、成熟段階に達した以降は、本数が減っても残った木はそれを埋め合わせる程度の成長しか示さなくなります。

　このことから、成熟段階では、本数と樹木の太さの間に若齢段階よりも明瞭な反比例の関係のあることが想像できます。そこで日本各地の成熟段階のスギ、ヒノキ、ケヤキの人工林のデータを筆者が分析してみたところ、図20のような関係が得られました。

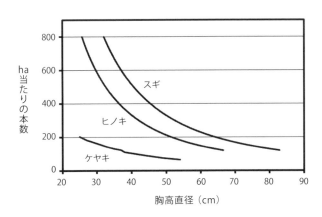

図20　自己間引きの原則－ha当たりの本数と大きさ（直径）の関係

目標直径の設定で目標本数が決まる

　前頁の図から、たとえば元玉の元口で直径50cmのスギ丸太を生産しようと思ったら、ha当たりの目標本数を約300本に設定すればよいことがわかりますし、直径30cmのヒノキ丸太を生産しようと思ったらha当たりの目標本数を600本に設定すればよいことがわかります。もっと太い丸太を生産する場合には本数をさらに減らす必要があります。

　このように目標直径を設定すると、目標本数がほぼ自動的に決まります。ただし、実用上は目標値をカッチリと決めてしまうのにはリスクもあります。たとえば、直径50cmのスギ丸太を生産目標とする場合、300本の3〜5割増しの400〜450本に設定し、計画に多少柔軟性をもたせておくほうがよいかもしれません。なぜなら一度伐りすぎてしまうと元には戻せないので……。

　ところで、この図のケヤキはスギやヒノキとずいぶん違う線となっていますね。針葉樹と広葉樹の違いに関する原則を思い出してください。広葉樹は樹冠を横に広げて成長していくのが原則でした。そのため、スギやヒノキよりも広いスペースを必要とします。ケヤキは同じ直径でもスギやヒノキよりも大きな面積を占拠するため、ha当たりの本数はかなり少なくなってしまうのです。これは広葉樹一般に当てはまります。「均等配置の法則」の節(95頁)でのブナの記述も振り返ってみてください。

　ここでは、人工林のことを述べましたが、樹齢の揃った広葉樹の二次林でも原則は同じです。ただし、スギやヒノキの人工林と比べて、ケヤキの人工林や広葉樹二次林は間伐の際に注意する点が異なっているので注意してください（詳しくは「広葉樹林の目標林型と間伐のポイント」146頁を参照してください）。

原理・原則39―間伐の直径コントロール機能

間伐で着葉量をコントロールし、直径成長を操る

Point

1. 間伐に関連する2つの原理・原則。「樹木の成長は葉の量が左右する」「樹木の樹高成長は間伐の有無によらず土地の条件に応じて一定である」

2. 間伐を上手に行うことで、樹木の着葉量をコントロールし、その結果として直径の成長を自在に操ることができる。

間伐に関連する2つの原理・原則

では、若齢段階での間伐が樹木に与える影響をもう少し詳しく見てみましょう。関連する主な原理・原則が下記の2つです。

・樹木の成長は葉の量が左右するということ。
・樹木の樹高成長は間伐の有無によらず土地の条件に応じて一定であること。

若齢段階での無間伐・間伐の比較

127頁の図21をご覧ください。これは若齢段階の森林の成長を簡略化して示したものです。（1）は無間伐のままにした場合、（2）は途中で間伐を行った場合です。

まず、樹高はどちらも同じように伸びていきます。枝が生き延びるには光が必要ですが、一番下の枝はそうとう暗い環境にあり、ギリギリの状態で生きています。そのため樹高が伸びると、下のほうの枝の環境はさらに暗くなるため、耐え切れずに枯れてしまいます。その結果、樹冠の葉の量が一定のまま、上に持ち上がっていくような成長を示します。図のAからBにかけての変化がそれに該当します。

さて、（2）ではBのところで間伐を行うこととします。BからCにかけ

ても、樹高は間伐をする・しないにかかわらず同じように伸びます。しかし、無間伐の(1)はやはり下のほうの枝が枯れてしまうので、着葉量は変化せず、そのまま上に持ち上がっていくように変化します。一方、間伐をした(2)は、光が下まで届くようになるので、下のほうの枝が生き残り、横に伸びます。その結果、枝下高はほぼ間伐前のまま保たれ、樹冠は上にも横にも広がって樹木1本当たりの着葉量が増加します。

着葉量と無間伐・間伐の関係

　葉の量は、樹木の稼ぎに直結します。無間伐のほうは、樹木1本当たりの着葉量は増えないのに、樹高成長は変わらないので、図体だけが大きくなります。図体が大きいということは、それだけ維持費がかさみます。稼ぎが変わらないのに維持費が増えるということは、樹木の手元に残る収入が減っていくことを意味します。そのため、直径の増加量が低下することになります。

　一方、間伐を行った場合、樹木1本当たりの着葉量は増えます。樹高が大きくなるので維持費が増えますが、稼ぎも同時に増えるので、手元の収入は減りません。むしろ増える可能性もあります。その結果、直径成長は間伐前と同じままに保たれるか、場合によっては以前よりも成長が改善されることになります。

　しかし、間伐された(2)のCを見ると、すでに間伐で生じたスペースがふさがりつつあります。まもなく、樹木は着葉量を減らしつつ樹高だけを伸ばしていく状態に戻ってしまうことでしょう。そうなると、目標林型によっては再び間伐を行わなければならないかもしれません。

　このような理由で、間伐を上手に行うことで、樹木の着葉量をコントロールし、その結果として直径の成長を自在に操ることができるわけです。ちなみに無節材生産のために若齢段階で行う枝打ちも、個体の着葉量をより直接コントロールする手段として捉えることができます。

　間伐を行わずにおくと樹冠がこぢんまりしたものとなり、間伐を適切に行うと着葉量の多い樹冠となります。下の写真22は同じ地域の同じ100

年生のヒノキ林ですが、個々の樹木の着葉量がかなり異なることがわかります。それぞれどのように間伐されてきたか（されてこなかったか）が想像できます。ただし、どちらがいい・悪いということはありませんよ。大切なことは、間伐によって目標林型を達成できたかどうかです。

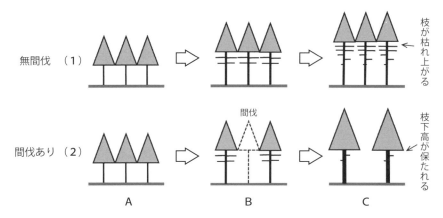

図21　無間伐・間伐の比較（若齢段階）
（1）と（2）は樹高成長は同じですが、間伐を行った（2）では1本当たりの着葉量が増加します。

写真22　100年生のヒノキ林の比較（間伐による着葉量の変化）
隣り合う山のヒノキ林ですが、持ち主が違っていて、片方の山主は無間伐で管理し、もう片方の山主はこまめに間伐をしていました。着葉量の差は歴然としていますね（どちらが無間伐なのかいうまでもないと思います）。

原理・原則40―診断の根拠となる指標

若齢段階の森林を診断する
－3つの指標「樹冠長率」「相対幹距比」「収量比数」で評価

Point

1. 1本当たりの着葉量が少ないと、根が貧弱になる、樹肌の色が悪くなる、などの諸症状が樹木に現れる。
2. 着葉量は3つの指標「樹冠長率」「相対幹距比」「収量比数」で評価できる。
3. 森林の状態を診断するためには樹高の情報が必須である。

　若齢段階の森林の状態を評価する基準がいくつかあります。重要な点は着葉量の原則です。着葉量は木の生命力の指標なのでとても重要です。1本当たりの着葉量が少ないと、根が貧弱になる、樹肌の色が悪くなる、などの諸症状が樹木に現れてきます（上を見上げず樹肌を見ただけで木の生命力を判断する達人もおられますね）。

　よく用いられるのは、以下の2つの指標です。

樹冠長率－最低40％、理想は60％

　まず、樹冠長率。前節のCの樹木を並べて比較すると、次頁図22-1のようになります。ともに樹高は20m、枝下高（生きている枝のうちもっとも下にある枝の高さのことです）は、12mと9mです。樹高から引き算をしたのが樹冠の長さ、すなわち樹冠長で、8mと11mです。これを樹高で割ったのが樹冠長率です。それぞれ、8÷20＝0.4（つまり40％）、11÷20＝0.55（つまり55％）となります。

　いうまでもなく、この数値が高いほど着葉量が多いと判断できます。経験上、スギやヒノキの場合、長く安全に育てるためには、樹冠長率は最低でも40％、理想的には60％ほどであることが望ましいといわれていま

す。30％となると黄色信号です。藤森隆郎先生の説によれば、樹冠長率が20％を下回ると、「樹高成長は間伐に影響されない」という原則そのものが成り立たなくなり、樹高成長が低下し始めるそうです。

相対幹距比―17～22％が最適

次に、相対幹距比。樹冠長率は樹木の着葉量を直接評価するものでしたが、こちらは個体の混み具合から着葉量を間接的に表すものです。図22-2のように、混んでいる林分では幹と幹の間の平均距離が2.4m、あいているほうでは約4mだとします。この距離を樹高で割った値が相対幹距比となります。計算するとそれぞれ、2.4÷20＝0.12（つまり12％）、4÷20＝0.2（つまり20％）となります。幹と幹の間の距離を測って平均するのは大変なので、樹高（H）とha当たりの本数（N）を使った次の式で計算することもできます（なぜこの式になるのかはご自身で確かめてください）。

$$相対幹距比（\%）＝10{,}000 / (H \times \sqrt{N})$$

これも経験則になりますが、スギやヒノキの場合、この値が14％未満だと混みすぎ、17～22％くらいがちょうどいいとされています。

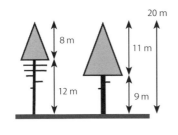

図 22-1　樹冠長率の考え方
左は8/20→40％、右は11/20→55％

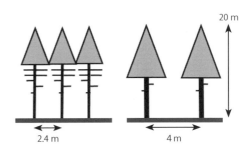

図 22-2　相対幹距比の考え方
左は2.4/20→12％、右は4/20→20％

収量比数－密度管理図で読み取る

　さらにもう1つ、収量比数。これは自己間引きの法則に基づいて開発された密度管理図に示されるもので、自己間引きの生じるもっとも混んだ状態を1とし、それに対してどの程度あいているかを0～1の範囲の数値で示すものです。林分の上層木の平均樹高と本数密度を密度管理図に当てはめれば読み取ることができます。この指標は、理論的な根拠は明確ですが、現場で即座に計算して得られる数値ではありません。また、密度管理図を使っていい条件と使ってはいけない条件があるなど（これについては後述します）、さまざまな使用上の制約もあるので、本書ではこれ以上述べません。

森林の診断に樹高情報が必須

　さて、樹冠長率、相対幹距比、収量比数に共通することは、樹高を測らなければならない、ということです。森林の状態を診断するためには樹高の情報が必須であることは、必ず押さえておくべき原則です。

　森林の状態は、前節の写真22のように、目で見てわかる面も確かにあります。しかし、主観や思い込みを排して客観的に評価すること、森林所有者や作業員が共通の認識を持つこと、などを考えると数値で表す必要があるといえます。現場を見たことのない第三者に林況を伝える場合にも、こういった数値を伝えることで、おおよその状態を具体的にイメージしてもらうことができます。技術者同士のやりとりでは、やはりこういった数値情報が必須だと思います。

原理・原則41―形状比（樹高と直径の比率）

形状比
―風害や冠雪害のリスクを表す指標

Point

① 木のひょろ長さ指標は、樹高と直径の比率（＝形状比）。

② 形状比の値が高いほどリスクも高い。

ここで、もう1つ、間伐や着葉量とも多少関係がありますが、強風による倒木被害や冠雪害の受けやすさに関する指標を紹介いたしましょう。

形状比80以上は高リスク

ここでの原理・原則は大変シンプルで、ひょろ長い木は風で倒れやすく、冠雪害も受けやすい、ということです。

それゆえに、樹高が高ければ高いほど、直径が小さければ小さいほど、被害を受けやすいと考えられます。したがって、樹高と直径の比率で指標します。この指標は「形状比」と呼ばれています。計算式で示すと、

$$形状比＝樹高(cm)／胸高直径(cm)$$

です。樹高・直径ともに「cm」で計算します。図23（次頁）の例を見てみましょう。左側の木は、樹高が2,500cm、胸高直径が36cmですから、形状比は2,500÷36＝約69となります。右側の木は同様に計算すると86となります。

これもまた経験則となりますが、形状比が70を下回ると被害を受けにくく、80を上回ると被害を受けやすいと考えられています。したがって、左側の木はとりあえず安心ですが、右側の木は今後、被害を受けるリスクが高い……というように使います。

人によっては、「これは若齢段階での基準であり、成熟段階に達した樹木では、安全の基準値を60にすべきである」という見解もあります。この辺りのコンセンサスはまだできておりませんが、いずれにしても、樹木のひょろ長さをこのように形状比で客観的に評価すると、値が高いほどリスクも高いことは間違いありません。また、樹高の値がここでも使われていることは決して偶然ではないでしょう。やはり、樹高は個体の状況を表す、もっとも基本的な情報なのであります。したがって目測ではなく、専用機器を使って正確に測ることをオススメいたします。
　樹高成長の原則と着葉量の原則から考えれば、間伐があまり行われない場合、樹高は間伐が行われた場合と同じように伸びますが、間伐が行われない分1本当たりの着葉量が減少して直径成長が低下し、幹は細くなります。このような樹木は当然、形状比の値が高くなり、諸被害への抵抗性も低くなります。間伐遅れ林が災害に弱いことはこのように説明できます。間伐と被害リスクの関係に限らず、どのようなことも、原理・原則から遡って考えればわかるものです。

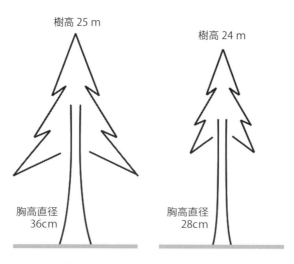

図23　形状比の概念図
（左）形状比約69　（右）形状比約86

樹冠疎密度は樹木の健全性とは関係しない

　さて、せっかくですから、もう１つ、よく使われる指標をご紹介しましょう。それは、「樹冠疎密度」です。保安林の指定施業要件や森林経営計画を立てるときに計画的間伐対象林分かどうかを判断するのに使われますね。

　樹冠疎密度は樹冠を地面に投影したときに、全体のどのくらいを覆っているかを表す数値です。1.0であれば林冠に隙間がまったくない状態です。

　樹冠に隙間が生じていると、樹冠疎密度は低い値となります。若齢段階の森林は多少間伐しても、成長が盛んなのですぐにふさがってしまいます。樹木の健全性を保つためには、こまめに間伐をして林冠をあける（＝樹冠疎密度を下げる）必要がありますが、森林の空間を有効に活用するためには、あまりあけすぎるともったいないですし、つるなどがはびこる原因にもなります。ちなみに保安林では、間伐後５年以内に樹冠疎密度が0.8以上に戻る場合に間伐が認められます。

　さて、一方でこの指標は、樹木の健全性とは関係のない指標です。間伐遅れで個体がひょろ長くなっていても、樹冠疎密度は0.8以上という森林はあります。そういった点から、森林の健全性や頑健性を判断する指標というよりは、保安林制度や森林計画制度に位置づけられた数値と割りきって使うのがよいでしょう。

原理・原則42―間伐率

間伐率の考え方

Point

1. 間伐は本数調整によって成長をコントロールする手段であり、生産目標によって、間伐率は変わる。
2. 育てる木はなるべく均等に配置されるようにする。
3. 間伐は生産目標を達成するための手段であり、間伐率から先に決めることは、本来はありえない。

間伐率は何割にしたらいいのか

　本編はここまで主に間伐のことを述べてきたわけですが、「じゃあ、結局間伐率は何割にしたらいいのか？」とお考えかもしれません。たとえば水源涵養保安林では35％を上回ってはいけないとされていますし、補助金の要件にも間伐率が指定されていることがあります。いったい、何割間伐ならよいのでしょうか？

生産目標によって間伐率は変わる

　それに対する回答は、「わかりません」となります。間伐は本数の調整を通じて成長をコントロールする手段です。成長をどのようにコントロールするかは、生産目標や場所の環境次第です。もしも大きな丸太を生産したいのであれば、間伐率は高くすべきでしょう。もしも目の詰まった丸太を早く生産したいのであれば、間伐率は低くすべきでしょう。風害や冠雪害のリスクが高い場所では、間伐率を高くして形状比を下げるのがよろしいでしょう。もちろん森林の状態によっても変わります。一概にはいえません。

　長伐期施業で大径材を生産する場合には、当然、長い時間木を育てなければなりませんから、個体の着葉量が多く保たれるよう、若齢段階のうち

から強めの間伐を行う必要があります。たとえば直径40cmのスギを生産するために目標本数を600本/haとすると、極論すれば30〜40年までの間伐で本数をそこまで落としてしまってもよいのです。逆に、あまりに時間をかけてゆっくりと本数を減らしていくと、枝が枯れ上がって樹冠長率が低下し、その結果、成長も低下してしまうので、結局、目標に到達できなくなってしまう恐れがあります。

　もちろん、細い木を若齢段階のうちに収穫することを目標にするならば（つまり短伐期林業です）、間伐率はそれほど大きくせず、樹冠長率や形状比も気にしないで育てるやり方もありでしょう。しかし、この場合、多面的機能が回復する前の若齢の段階で森林を伐採することになりますので、環境面へのインパクトが大きく、下手をすると再造林後の次世代の人工林の成長に悪影響が生じる恐れがあります。下流への水供給にも影響する可能性もあります。持続可能な林業を目指すならば、短伐期の施業は、場所の選定や全体に占める割合を慎重に判断して取り組むほうがよいでしょう。

「育てる木」を決めてから妨げる木を間伐する発想

　しかし、間伐率以上に大切なことがあります。それは育てる木をはっきりと決め、その木の成長を確実なものにするために、その成長を妨げる木を間伐で取り除く、という考え方です。

　育てる木とは、通直で幹の断面も真円で年輪の偏りもなく、虫害による材の変色もなく、何よりも着葉量がしっかりと確保されていて今後の成長も約束されている木のことです。また、老齢林での木の配置の原則に基づいて、育てる木はなるべく均等に配置されるように心がける必要もあります。

　このようにして育てる木を選んだら、その成長を妨げる木から少しずつ間伐をしていけばよいだけです。もちろん、どの程度の間伐をしていくかは、育てる木の成長をどのようにコントロールしていくか、という観点から決めていきます。その結果、太い木が間伐されることも当然ありえます。

　ちなみに筆者が調べた限りでは、スギ人工林では根元からの距離が8〜

10m以内にある木が互いにライバル関係にあり、ヒノキ人工林では根元から5～7m以内にある木が互いにライバル関係にあるようです。

このように「育てる木」を選んでから間伐をする場合、「間伐率は〇割にする」と最初から決める発想自体がありません。また、間伐率を先に考えるということは、育てる木ではなく間伐する木を先に選んでいる、ということです。極論すると、これは本末転倒ともいえます。間伐は生産目標を達成するための手段ですから、間伐率から先に決めることは、本来はありえないことだと筆者は思っています。

間伐率が指定されている場合

もちろん現実には、間伐率や方式が指定されている場合が多いのは事実です。しかし、それに振り回される必要はないでしょう。あくまでも、目の前の森林に対して将来の目標を定め、育てる木を選び、それを確実に育てていくために、間伐木を選んでいく。その結果、間伐率の基準に合わないことがわかったら、選んだ間伐木の中から今回は伐らずに残しておく木を選ぶ（あるいは逆に、もっと後に間伐する予定だった木を早めに間伐する）などの調整をすればよいだけです。

ちなみに、上のような方法で間伐率を選んでいくと、なぜだかわかりませんが、材積での間伐率は2～3割、本数での間伐率は3～4割くらいになることが多いようです。これは筆者も不思議に思っています。いずれにせよ、間伐「率」に対して、必要以上に神経質になる必要はない、ということの1つの証しです。

原理・原則43―列状間伐

列状間伐
―「若齢段階で1回のみ行う」が森づくりの原則

Point

1. 伐る割合を決め、何らかのルールに従って間伐する方法を定量間伐という。そのうち現在もっとも普及している方法は列状間伐である。

2. 筆者の考えでは、列状間伐は若齢段階で過密緩和のために1回くらいなら許される。

列状間伐
―個性を見ず、量(列)で伐る

　前節では、育てる木をはっきりと決めて間伐することが重要であると述べました。このように1本1本の個性を見て間伐する方法を定性間伐といいます。

　それと対極にあるのが、定量間伐です。材積で○%伐る、と決めてその量を何らかのルールに従って(たとえば、細いほうから、あるいは逆に太いほうから順番に)間伐する方法です。そして現在、もっとも普及している定量間伐の方法は、列状間伐でしょう。ご存じのとおり、1列伐り、2列とばしてまた1列伐る(2残1伐)、といった感じの間伐です。2列伐って5列とばす(5残2伐)、などバリエーションは自由自在です。どんな量を伐るにせよ、太い木から細い木まで同じ割合で伐ることになるので、列状間伐は中層間伐の一種といえます。また、頭を使わずに済む機械的間伐という人もいます。しかし、とりあえず呼称はどうでもいいでしょう。重要なのはその本質です。森づくりの観点から考えてみましょう。

森づくりの原則に合わない点

　生産目標にもよりますが、結論からいえば筆者の考えでは列状間伐はあまり勧められません。間伐の本来の意味を考えてみれば当然のことだと思うのですが、いかがでしょう？

　すでに述べたとおり、間伐は森林を育てるための行為です。しかし列状間伐は、育てる木だけではなく、育てる優先度の低い木にも均等に光を当てる間伐です。ですから、たとえば育てる木の候補をさらに絞り込む段階（おおむね50年生以上でしょうか）で列状間伐をすることには、あまり意味がありません。また、列状に空間を作ってしまうわけなので、前述の「木を均等に配置する」という森づくりの原則(95頁)にも反します。

「列状間伐は若齢段階で1回のみ」を原則に

　列状間伐をあえてやるとすれば、20〜40年生の段階で1回、「うっすらと目立たない」くらいに列状間伐をやる程度だと思います。この段階であれば、1伐2残などの間伐を行っても、育てる木をいろいろと選べるだけの本数が残ります。木の配置が均等になるように仕上げていくこともできます。

　しかし、その林齢の範囲でも列状間伐を2回、3回と繰り返していくと、木の本数が急激に減ります。育てる木を選ぶ余地もなくなってしまうかもしれません。ですから、森を育てることを本気で考えつつも、それでも事情によりあえて列状間伐を行うのならば、若齢段階で1回のみ、というのが原則です。もう一度繰り返します。列状間伐は若齢段階で1回のみ。……これも森づくりの上で欠かすことのできない原理・原則として心に留め置いてください。

　次頁の写真23をご覧ください。上の写真は1伐3残の列状間伐を行った40年生の林分です。これならば列状間伐としては控えめで問題はないと思います。この森林の所有者の方はすでに育てる木を決めていて「次からはその木を育てるための定性間伐を行う」とおっしゃっていました。一

応用編　第4部　森づくり

方、下の写真の列状間伐は……。残すべきではない木が密集して残っており、樹木の配置も極めて「不均等」になってしまいました。極論すれば、間伐のあらゆる原則に反しているといっても過言ではないかもしれません。

写真23　列状間伐の2例
（上）1伐3残の列状間伐を行った約40年生の林分
（下）列状間伐の結果、残すべきではない木が残り、木が全体に不均等に配置された林分

原理・原則44―密度管理図

密度管理図の原理・原則
―有効なケースを知る

Point

1. 密度管理図を当てはめてもよい条件がある。
2. 密度管理図は、平均値を示すため、さまざまな個性がある森林を把握・管理するのには不十分である。

密度管理図
―自己間引きの理論を応用

「自己間引きの原理」(92頁参照)についてはすでに述べたところですが、この理論を応用して作成されたのが密度管理図です。これについての詳しいことは、ほかの書物をどうかお読みください。使い方等についてもそちらを読まれるほうがよいでしょう。なお、筆者は個人的には、密度管理図を使うことをあまりお勧めしていません。ただし、あくまでも「個人的には」です。人によっては、有用性を主張する方もおられます。また、筆者も、場合によっては使うことのメリットがあると思っております(これについては後述します)。

密度管理図の3つの不具合

なぜ密度管理図を筆者はお勧めできないのか。理由は大きく3つあります。

第1に、元となった理論からわかるように、密度管理図は自己間引きが起こることが前提だからです(それゆえに「自己間引き線」という線が密度管理図に記されています)。前述のとおり自己間引きは隣り合う木と木の間に競争が起こった結果、片方が枯れる現象です。どちらかが枯れるほど競争するということは、樹冠が接している状況にほかなりません。

こういった状況で森林を管理していると、下枝は光が当たらずに枯れていき、樹冠長率が低下していくことになります。こうなると林分を長期間にわたって健全に育てることが難しくなってしまいます。林床も暗いままに保たれて多面的機能も低下することでしょう。ついでに申せば、自己間引きの理論をベースにする以上、細い弱々しい木から枯れていく現象を模倣するものであり、それは、細い木を中心とした間伐が当てはまります。したがって、上層間伐（前述のとおり、育てる木を選んで施業を行うと期せずして結果的に太い木を間伐する場合もあります）や列状間伐が行われた林分で密度管理図を使うことはできません。

　第2に、密度管理図では、平均樹高を使って生育段階を表していることです。樹高がぐんぐん伸びている若齢段階では、それでもよいでしょう。

　しかし若齢段階の後半になって樹高の伸びが低下すると、樹高からは生育段階を判断しにくくなってしまいます。したがって密度管理図は、若齢段階後半以降では極めて使いにくいものとなります。言い換えると、成熟段階まで森林を育てていく、いわゆる長伐期施業では、密度管理図の出番はないといってもよいでしょう。

　第3に、密度管理図は「平均」しか教えてくれない、ということです。森を見ると、木のサイズはまちまちであることに気がつかれると思います。太い暴れ木もあれば、太くて素性のよい木もある、細くて枯れそうな木もあれば、細くても素性のよい木もある……というように、さまざまな個性の木が林分内にあるのが普通です。もちろん、大きさがキレイにほぼ揃っている林分もありますが、挿し木苗で仕立てた林分以外では稀だと思います。したがって筆者は、平均値しかわからない密度管理図では、森林の状態を十分に把握・管理することができないと考えるものです。

密度管理図が有効な場面

　以上述べてきた理由から、密度管理図は基本的には使いにくいツールである、というのが筆者の意見です。しかし、一方で、密度管理図を使うことが有効な場面も、もちろんあります。それは、上述した否定的な理由が

逆に当てはまらない場面のときです。要するに、木と木の間隔はあけず密生させて育て、生産目標は個々の木の質を高めることよりも全体として量を稼ぐこととし、林分は若齢段階のうちに皆伐する予定である……というような施業を行う場合には、密度管理図で生産の予測を立てても問題はないと思います。

したがって、密度管理図に対して単純に、いい、悪いということはできません。密度管理図を使うのであれば、その原理と原則を理解し、このツールを適用していい場面かどうかを判断し、その上で使用する、というのが適切でしょう。

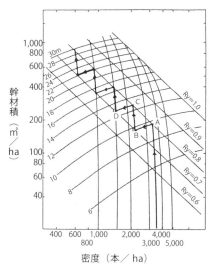
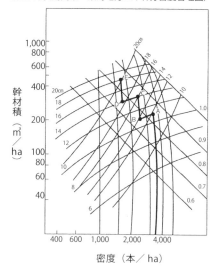

図24　スギ林分密度管理図の一例

密度管理図を使う上での注意点は本文に記述したとおりです。また、最多密度線の上に位置する林分が稀にあるなど、密度管理図も完璧なものではないことを意識しておく必要があります。

（参考　全国林業改良普及協会編『森のセミナー No.8　森をゆたかにする間伐』全国林業改良普及協会、2001）

原理・原則45―間伐と多面的機能

間伐と多面的機能の関係
―多面的機能が高く、成熟段階に近い林相を間伐でつくる

Point

1. 針葉樹の人工林の場合には間伐によって成熟段階に入る時間を調節することができる。
2. 間伐で林冠には常に隙間があき、林床に光が入り、また木もよく育つことで、多面的機能が発揮される成熟段階に近い状態の林相にすることができる。
3. 森林の多面的機能を間伐から考える際にも、発達段階に基づいて森林を捉えることが重要。

　間伐は基本的に育てる木に空間を与えるための行為ですが、結果として一部の多面的機能の維持・向上にも貢献するものです。本節ではそれについて簡単に述べてみましょう。

林内の光が多面的機能を高めてくれる

　「森林の多面的機能の変化」（115頁）の節で述べたように、森林の多面的機能は若齢段階で大きく低下し、成熟段階から老齢段階に移行するとともに回復するのが原則です（ただし生産機能以外）。成熟段階に入る林齢の目安は樹種によって異なりますが、針葉樹の人工林の場合、おおむね60～80年程度かと思います。しかし、間伐によって、この時間は短縮することができます（逆に延ばすこともできます）。早く成熟段階に達すれば、後述するように森林の多面的機能の一部はそれだけ早く回復に向かいます。

　すでにお示ししたように、成熟段階の林分の特徴の1つは、林冠に隙間が生じることです。その結果、林内に光が入るようになり、林床の植生も発達し、土壌の保水力や生物多様性などが回復し始めます。つまり、育て

る木を大事に育てるために間伐をして空間を与えてあげれば、林冠には常に隙間が少しあいて林床に光が入り、また木もよく育つことで、間伐を控えめにした林分よりも短い時間で、多面的機能が発揮される成熟段階に近い状態の林相にもっていくことができます。

間伐が水源涵養機能を高める

　水源涵養機能の面からも、林冠に隙間をあけることは重要です。林冠に隙間があるということは、葉で混み合っていないことを意味します。森林がもつことのできる葉の量が最大値よりもやや少ないことで、樹木が吸う水の量の合計も少なくなります。また、葉に遮られずに地表まで届く雨水の量も増えます。

　前述したように、山から流れ出る水の総量は、森林があると減ることが知られています。樹木が降った雨を根から吸って葉から大気に放出してしまう量が多いためです。しかし、森林がそこにあることによる土壌の構造の発達や雨滴による土壌表面の侵食の防止、洪水（山から水が一気に大量に下流に流れ出る現象）の緩和など、森林のもつ有益な働きも大きいため、総合的に見ると、森林があったほうがよいといえるわけです。そして林冠に隙間があって林分全体の葉の量がやや少ない状況であれば、注入される水が増え、蒸発して出て行く水が減るために土壌中に保留される水の量が増え、その水が下流へと徐々に流れ出ることになります。

　また前述のとおり、きちんと間伐を行うことで林床の植生が回復・発達するわけですが、こうして生育し始めた植物の根が伸びることで土壌中に細かい孔が増え、森林の土壌の貯水量も向上します。したがって総合的に見れば、間伐を行って成熟段階の状態に近づけることで、森林の水源涵養機能も向上すると考えてよいでしょう。

　以上のように、森林の多面的機能を間伐から考える際にも、結局は発達段階に基づいて森林を捉えることが重要といえます。

間伐で花粉生産量を低減させるための条件

　さて、ここからはちょっと余談めきますが、間伐でもう1つ期待されている機能として、花粉生産量の低減があるやもしれません。間伐して木の本数が減れば花の数もそれにともなって減少し、雄花からの花粉の放出量も減るのではないか？……そういう期待があっても、まぁ当然です。

　しかし、残念ながらソウうまい話はなさそうです。これまでの関連論文を読む限りでは、間伐をすると樹木の成長がよくなるためか、かえって林分全体の雄花の量が増える（＝花粉が増える）という結果の報告が目立ちます（「木の一生（3）」43頁の節をご参照ください）。

　それでもなお、間伐で花粉の発生量を抑えようとするのならば、森林でもっともたくさん花粉を出している木を狙い撃ちして間伐することになりますが、それは当然太い木がターゲットとなります。結果としては上層間伐の様相を呈することでしょう。

　さて、果たしてこれが間伐の本来の目的である「育てたい木を健全に育てる」ことにつながるかどうか？　これについては、現場の状況次第です。春先に読者の皆様が、各々の現場で考えてみられるのも一興かもしれません。

写真24　開く直前のスギの雄花
筆者は花粉症ではないので手に取ってもまったく平気なのですが、皆様の中にはスギの雄花なんてたとえ写真であっても見たくない、という方がおられるかもしれませんね。申し訳ございません。

原理・原則46―樹冠（広葉樹）

広葉樹林の目標林型と間伐のポイント
―樹冠が広がる性質を知る

Point

1. 針葉樹の間伐と広葉樹の間伐では、伸びる方向の違いを考える。
2. 広葉樹は横へ広がる性質のため、間伐では木の間隔を少し広めにあける必要がある。

　ここまで述べてきた間伐は、スギやヒノキなどの針葉樹の人工林を念頭においてきました。しかし、広葉樹林を相手にする場合は、かなり異なった捉え方をしなければなりません。以下、針葉樹と広葉樹の違いに関する原理・原則をもう少し詳しく説明しながら考えてみたいと思います。

　ここでもやはり、まず目標林型を設定しなければなりません。生産目標次第で、間伐の行い方もガラッと変わります。ここでは末口直径40cm以上の通直な広葉樹丸太を作るという目標を想定してみることとします。

「頂芽優勢」に沿った間伐方法とは

　その場合、第1に、針葉樹と広葉樹の樹冠の広げ方の違いがポイントとなります。植物学の専門用語で「頂芽優勢」というものがありますが、ざっくりというと、植物が上に伸び続けようとする性質のことをいいます。頂芽優勢が弱い場合、その植物は上に伸びることにあまりこだわらない、ということを意味します。針葉樹は基本的に頂芽優勢です。真ん中の軸が上へ上へと伸びていきます。

　一方、広葉樹の大半は頂芽優勢がそれほど強くありません(例外はあります)。極端にいうと、上に伸びようとするのは生育段階の途中までで、そ

こから先は横へ広がろうとするように切り替わります。したがって、針葉樹の場合は樹冠を上に広げようとするので木と木の間にそれほど大きな距離をあける必要はありませんが、広葉樹の場合は、間伐によって木と木の間の間隔を大きく広げてあげる必要があります。

皆伐後の再造林時の植栽密度の考え方

第2に、しかし、最初から間隔をあけすぎると、頂芽優勢の弱い広葉樹はまっすぐ伸びません。光を求めて気まぐれに（のように見えます）傾いたり、曲がったり……という樹形になってしまいます。したがって皆伐後に広葉樹を造林する場合には、ある程度、密に植えて強制的にまっすぐ上に（つまり通直に）伸びるようにしなければなりません（幹の芽かきも有効です）。

樹冠長率より力枝の枝下高が指標となる

第3に、樹冠と着葉量を評価するために、針葉樹とは異なる指標が必要となります。針葉樹の場合は樹冠長率が妥当ですが、広葉樹の場合は力枝の枝下高が大切な指標となります。樹冠が横に広がるためには、しっかりした枝が下のほうから横に伸びていなければなりません。目安としては地面から8m以内にそういう枝があることが必要です。8mよりも下に力枝がない場合、どんなに間伐しても直径成長の好転はあまり望めませ

写真25 ブナの力枝跡
広葉樹は若い頃にある程度下の位置に大きな枝がなければ太くなりません。このブナは直径70cmの大きい木ですが、矢印の位置にかつて大きな枝があった痕跡があります。野外で太い広葉樹を見かけたら現在ある力枝だけではなく、過去に存在した力枝の位置も観察すると、その種類の広葉樹が太く育つために必要な樹形が見えてくることでしょう。

ん（つまり、間伐しても効果がないことになります）。かといって、力枝があまり下のほうから出ていると、通直で均質な材を生産できません。たとえば4m材を生産したいのならば、力枝が4〜8mにある木の中から「育てる木」を選び、その周囲の木を伐採して空間を与えるのが妥当な間伐となります。

間伐すべき木は上層木。中層木、下層木は残す

　第4に、間伐すべき木は、基本的に上層木です。「育てる木」に十分広い空間を与えて力枝を横に伸ばすためには、その横の上層木を間伐することになります。では下層木、中層木はどうするか？　結論から述べれば、残すようにしましょう。育てる木の幹に日光が当たると小さい枝が発生することがあって、これは材の質を下げてしまいます。したがって、中層・下層木はなるべく残すようにすることが重要です。

育てる木は早めに選ぶ

　第5に、育てる木は早めに選ぶことです（これは針葉樹の場合にも当てはまります）。その時期の目安としては木がまだ細い20〜30年生の頃となりますが、選ぶポイントは対象の樹種かどうか？　幹が通直かどうか？　将来力枝となりそうな枝が必要な高さのところにあるかどうか？　などとなります。

　以上のように、針葉樹の間伐と広葉樹の間伐では、育てる木の選び方、間伐対象木の選び方が大きく異なります。ここに述べたことを改めて読み直すと、質を重視して広葉樹林を育てる場合には、定性間伐しかありえないことがおわかりいただけるのではないでしょうか。逆に、列状間伐を含む定量間伐はほとんど意味がありません。

　しかし、これは何ら特殊なことではありません。生物として広葉樹がどうやって樹冠を拡張し成長するか、という原則を踏まえて素直に考えれば、必然的にこういった間伐方法に落ち着くのです。

原理・原則47―二酸化炭素

二酸化炭素の吸収と蓄積
－気候帯、土壌タイプ、森林の発達段階で異なる

Point

1. 炭素は、植物体と土壌に蓄積し、その量は気候帯、土壌タイプ、森林の発達段階で異なる。
2. 老齢林に見られる倒木も大切な炭素貯留要素である。

大気中の二酸化炭素濃度を高めた森林伐採

　ここで少し話題を変えて、森林の多面的機能の1つといえる二酸化炭素吸収の話をいたしましょうか。

　これまで何度も述べてきたように、樹木は二酸化炭素を吸い、それを木材に変え、樹体を大きく成長させます。二酸化炭素は、メタンや一酸化二窒素などとともに温室効果ガスといわれています。これが大気中に増えると熱がこもり地球の気候が温暖化すると考えられています。この100年間、大気中の二酸化炭素濃度は増え続けてきました。世界の平均気温も、多少の凸凹はあるものの、この100年間で1℃ほど上昇しています。研究者の試算では、1980年代に石油を燃やすことで毎年55億tの炭素が大気中に放出されたと推定されています。一方、同じ時期には、熱帯林の開発によって毎年16億tの炭素が放出されたと推定されています。筆者の感覚としても正直なところ、この量はかなり多いと思います。それゆえに、これからは森林に大気中の二酸化炭素を再び吸収し直してもらおう、という発想に至るわけです。

炭素は森林のどこに貯まるか？

　二酸化炭素は、森林のいったいどこに貯まるのでしょうか。幹に？　葉に？　根に？　実は、気候帯によって異なります。また土壌のタイプによっても異なります。ゆえにそれほど単純な話ではありません。

　熱帯林では、植物体（幹＋枝＋葉＋根）と土壌に、ほぼ同じ量の炭素が蓄積されています。一方、温帯林や北方林では、土壌のほうに多く炭素が蓄積されています。単位面積当たりで比較すると、北方林では植物体の炭素量は熱帯林の半分ほどですが、土壌中の炭素量は熱帯林の4倍ほどという推定例があります。合計すると、北方林の炭素量は熱帯林の約2倍となります。湿潤で暑い熱帯では、落下してきた枝や葉がすぐに分解してほとんどが大気中に還るのですが、気温の低い北方林では枝や葉の分解が遅く、大気中に還るよりも先に分解されにくい物質に化学変化して土壌中に蓄積されていくわけです。

老齢林の倒木も炭素貯留に重要な役割

　また、老齢林に見られる倒木も大切な炭素貯留要素です。スギやヒノキの丸太を林内に置いておくと、その重量が半分に減るのに10〜20年はかかります。夏の暑い時期に降水量も多い日本では（もちろん熱帯でも）、分解が比較的早いのですが、それでもこれだけの期間、炭素を貯留します。さらに、年間降水量は多いものの、夏に比較的降雨が少ない北米西海岸では、直径1mの倒木の重量が半減するのになんと100年以上かかると推定されています。老齢林に見られる倒木は、二酸化炭素の貯留に重要な役割を果たしているといえるでしょう。

　このように、森林に炭素を貯めるためには、少なくとも日本では土壌中の炭素がきわめて重要であり、また、倒木に含まれる炭素も決して無視はできないことをご記憶ください。

炭素増加量と森林の発達段階の関係

　以上は、森林の炭素蓄積量（ストック）に関する話題でしたが、年間の増加量（フロー）についても考えてみましょう。これは森林の発達段階にともなう森林の年間成長の変化がかかわってきます。「森林の多面的機能の変化」（115頁）の節の図19を再度ご覧ください。森林に二酸化炭素を吸収させるには、森林を若齢段階の後半以降も育て続けるほうがよいでしょう。

　また、森林を皆伐して林分成立段階に戻すと、年間の成長量が一旦低下するだけではなく、地表面の温度が上昇して土壌中に貯留されていた有機物が分解され、炭素が二酸化炭素となって大気中に放出されてしまうかもしれません。

　ただし、伐採のメリットとして、収穫した木材を製品として長く使うことで、二酸化炭素を大気中に出さずに留める面も無視できません。ちなみに伐採したものをバイオマスエネルギー源として使うと燃やされて大気に二酸化炭素を出してしまうのですが、その分、化石燃料を燃やさずに済むので環境負荷が低く、また、伐採跡地で森林がちゃんと成長すれば大気中の炭素が再び戻ってきて蓄えられる、という考え方に立つことができます。

　以上のように、森林の二酸化炭素をめぐる問題は、なかなか複雑なものがあり、この限られたスペースで簡単に整理することはできません。

写真26　台湾のヒノキやサワラの近縁種の巨木林
台湾にはヒノキやサワラの近縁種の巨木林が残っています。この森の巨木は、倒れた後も長い間そのままの姿で残り、炭素を貯留し続けています。

原理・原則48―生産目標と伐期

伐期の決め方
－生産目標で決める

Point

1. 伐期に正解はない。生産目標で決まる。
2. 「質より量」を追求する林業では、収穫効率が最大となった時期が収穫を行うべき林齢となる。
3. 生態学・生物学の知見に基づくと成熟段階での主伐が望ましい。

齢よりサイズ（胸高直径）が重要

　間伐を丁寧に行って育てた森林をいつ伐採すればよいか？　いわゆる伐期の問題です。結論から申し上げると、「正解はありません」となります。

　なぜならば、それは生産目標次第だからです。目の詰まった大径材が目標であれば、当然伐採する林齢は高くなります。目の粗い小径材が目標であれば逆に林齢は低くなります。

　つまり、林分の現況と想定する目標林型を考えれば、伐期は自ずと決まります。前述の間伐率の話と同じで、伐期もあらかじめ数値を決めるものではなく、本来は後から決まるものとお考えください。そもそも択伐施業には伐期という考え方はありません。スギやヒノキの一斉人工林も、本質的に考え方は同じです。重要なファクターは齢ではなくサイズ（胸高直径）のほうです。

　ただし、あらかじめ林齢を決めることが可能な場合もあります。それは、個々の木のサイズではなく、林分全体の収穫量に目標数値を設定する場合です。いわば、質より量を目指す林業であれば、伐期を先に決めることも「あり」でしょう。

成長曲線と収穫効率

　これについて詳しく説明すると以下のようになります。森林全体の材積成長は、中途の間伐収穫も含んで考えると図25-1のように推移すると考えられています（これを総成長量といいます）。ここで、Aの時点で皆伐した場合、Bの時点で皆伐した場合、Cの時点で皆伐した場合を想定してみましょう。グラフの原点とそれぞれの時点での材積を結んだ線は、「途中いろいろあったけど最終的にはこういう成長経過をシンプルにたどったと考えてもよい」成長線です。その傾きが大きければ大きいほど、よい成長を示した、ということができます。この図では、AやCよりもBでの時点で伐採すれば、林分の成長がより高い状態として収穫することになります。

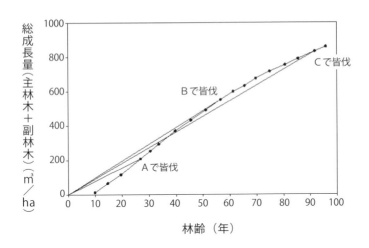

図25-1　樹齢と総成長量の関係
収穫の効率を最大にするにはどの時点で皆伐を行えばよいか、計算する手続きを図にしたものです。グラフの傾きが大きいほどよい成長を示します。

　そこで、傾きの値（これを総平均成長量といいます）が伐期とともにどう変化するかを計算すると、図25-2（次頁）のように、ある時点で最大となり、

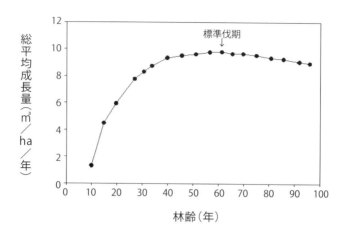

図25-2　林齢と総平均成長量の関係－収穫の効率を示す
総平均成長量（収穫効率）が最大となる時を標準伐期としてよく用います。この図の場合、林齢60年で主伐をすると効率がもっともよいと判断されます。

それより若くても高齢でも傾きの値は下がり、収穫の効率が低下することがわかります。この収穫の効率が最大となった時期こそが、「質より量」を追求する林業で主伐を行うべき林齢となります。これが多くの場合、標準の伐期として使われています。

現行システムと現実との大きな乖離

　この考え方に立って、スギ、ヒノキ、アカマツ、カラマツの標準伐期は定められています。だが、しかし……。計算の元となった成長曲線のことを考えてみましょう。現在の標準伐期は、戦後間もないころに定められました。当時は林齢60年を超える林分は少なく、高齢級での成長の実態はわからなかったので、暫定的な成長曲線を設定して計算しました。しかし現在では高齢の林分が増えてきたので、データに基づいて考えることが可能です。

　そこで、例を1つ示しましょう。図25-3は、「樹高成長の法則」の節

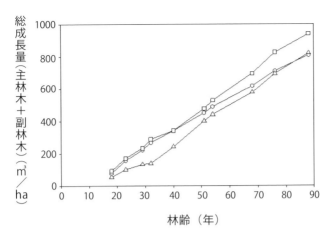

図25-3　実際の調査事例－林齢と総成長量

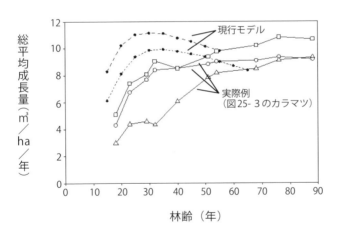

図25-4　現行の収穫効率モデル（点線）と実際の収穫効率調査例（実線）
現行の収穫効率モデルと1899年に植栽された秋田県カラマツ人工林の18〜88年生の成長経過の観測結果（上、図25-3）とそれから計算した総平均成長量（＝収穫効率）の変化（下、図25-4）。図25-4の黒丸と点線・破線は調査地域（岩手、出羽）で用いられている収穫表の値を示します。

（53頁）のところで紹介したカラマツ人工林の成長の測定結果を示し、図25-4はそれに基づく収穫効率の計算結果を示したものです。このように、成長は一貫して持続し、収穫効率も約60年生の頃に最大に達した後、ほとんど低下しないか、むしろ微増し続ける場合もあることがわかります。一方、現在使われている曲線では、林齢30年生での皆伐がもっとも収穫の効率がよいとされています。このように、現行のシステムと現実のデータには大きな乖離が見られます。

　これはほんの一例ですが、現在使われている標準伐期は、収穫効率が最大となる林齢よりも低めに設定されていることがわかってきています。そしてより重要なことは、収穫効率最大の林齢が持続するらしい、ということもわかってきたことです。たとえばこのカラマツ林の場合、少なくとも量的な面では、70年生以降いつ収穫しても問題ない、ということになります。

　ちなみに、ある林齢を過ぎてから成長が顕著に低下するパターンはドイツに倣ったものなのです。しかし、日本の主な林業用樹種はドイツのそれとは異なる成長経過を示すようです。筆者は、質ではなく量を目指す林業においても、主伐は若齢段階ではなく成熟段階に行うほうがよいと考えています。そしてもちろんそれは、多面的機能を維持・回復させる上でも、望ましいことはいうまでもありません。ただし、ここでは金利等のことは考えていません。あくまでも生態学・生物学の知見に基づくと成熟段階での主伐が望ましい、という意味であることを書き添えておきます。

　もう1つ、ちなみに。ここで述べた「質より量」とは、たとえば木質バイオマス生産を主目的とする場合などですね。燃やしたり、紙の原料としたり……。しかしながら、何十年も生きてきて、かつ質のよい木は、伐採後も大切に扱えば何十年も使い続けることができるものです。質に関心をもって森づくりをされる方にとっては、この節で紹介した内容はあまり意味がなかったかもしれません。

原理・原則49―適地適木

適地適木の判断基準
―樹木の土壌水分等への反応が決め手

Point

① アカマツのほうがスギやヒノキよりもある程度、水不足をやり過ごすための仕組みをもっている。

② 広葉樹は、過敏に土壌水分に反応するので、適地適木に配慮したとしても混植等を行いリスク回避する必要がある。

　人工林をつくる場合は、樹木の成長に適した場所に植えるのが鉄則です。たとえば沢にスギ、中腹にヒノキ、尾根にアカマツ、という経験則がありますが、まさにそのとおりなのです。ただし、前述のとおり、自然状態での樹木の分布が必ずしも樹木の適地を表しているわけではないように、この経験則も、決してそれぞれの樹木の最適な場所を示しているわけではありません。

スギ、ヒノキ、アカマツの土壌水分への反応

　まず、スギとヒノキは、繰り返し述べてきたように乾燥した土壌を嫌う生物です。したがって、どちらの樹種も湿り気のある土壌に植栽するほうがよいのですが、ヒノキの場合、土壌が過湿気味だととっくり病に罹りやすいことが知られています。

　実はアカマツも、スギ・ヒノキと同様に適度に湿っている土壌をもっとも好みます。ただ、スギやヒノキと違って、土壌が乾いていても成長が極端に低下することはありません。これは前述のとおり、アカマツのほうがスギやヒノキよりもある程度、水不足をやり過ごすための仕組みをもっているからです（要するに鈍感なのです）。

　では、スギやヒノキは、水不足に対してどのように反応するのでしょう

か。とにかく水を吸い続ける性質のゆえか、ある程度までの水不足では、光合成は低下しません。ところがそれを超えて土壌が乾くとスギの光合成が急激に低下し、さらに乾燥が進むとヒノキの光合成も急落し、最終的にはどちらも光合成がほぼゼロになってしまいます。一方、そのような乾いた水分条件下でも、アカマツはある程度の光合成を行い続けることができます。このようにスギとヒノキは、アカマツと違って土壌水分に対する反応が極端から極端へと大きく振れる性質をもっています。

　日本は、確かに夏の湿度が高く、梅雨や台風による降水量も豊富な気候下にありますので、平常時であれば、おそらくスギもヒノキも多少乾いた尾根近くに植えても成長がそれほど極端に低下することはないと思います（だからこそ有史以前に西日本を中心にスギ・ヒノキなどの温帯性針葉樹林が成立できたのだと想像します）。

　しかし現実には、雨の降らない日が続くことがあったり、空梅雨があったり、台風の襲来のない年があります。そういう時は、夏の気温の高さが逆に仇となって、土壌が極度に乾燥してしまうことがあります。そうなると、ちょっと斜面上部のほうに植えられたスギやヒノキは成長が低下し、場合によっては枯死してしまうこともあるでしょう。

　となれば、スギやヒノキは雨の少ないときでも土壌が乾きにくい場所に植えるのが妥当となります。そして、乾燥にとくに弱いスギは斜面の下のほうに、湿り過ぎた土壌では病気に罹りやすいヒノキはそれよりは上のほうに植える、ということとなり、まさに経験則通りの「適地適木」の図式が出来上がります。なお、土壌の状態は単純に斜面の上部・下部だけではなく、地質や地形の細やかさによってもさまざまに変化します。ここではスペースの都合上、これ以上深くは語らないことといたします。

広葉樹は過敏に土壌水分に反応

　スギやヒノキに比べて広葉樹は、樹種にもよりますが、さらに過敏に土壌水分に反応します。たった1m離れただけで、成長が極端に変わる例も見られるほどです。スギやヒノキでは、そこまで極端に成長が影響される

ことはありません(逆にこの安定感が、造林用の樹種としてスギとヒノキが優れている理由の1つでしょう)。したがって、広葉樹を植栽する場合、仮に適地適木を考えていたとしても、想定外のことが起こることを常に考慮に入れておく必要があります。具体的な手段としては、なるべくさまざまな樹種を混ぜること、同じ地形に同じ樹種を固めて植えないこと、などが挙げられます。面倒くさいですか？　そう、広葉樹の植林は、そう安易にできるものではないと、筆者は思っています。

適地適木の要因－土壌、多雪など

　ここで1つ注意すべきことがあります。それは、樹木の成長は土壌条件だけでは決まらない、ということです。わかりやすい例は、多雪地帯に植栽されたスギ林でしょう。土壌は適度に湿っていていかにもスギの適地ですが、冬の降雪によって幹が損傷を受け、経済林としては成り立っていない例がよく見られます。ヒノキも多雪地では漏脂病に罹りやすいので避けたほうがよいといわれています。表層の土壌が少しずつ動いている場所では、たとえ水分条件が好適でも木がまっすぐ伸びていない例も見られます。

　人間の健康状態は、食べ物だけではなく、日常のさまざまなストレスと密接にかかわっていますが、それと同じように、樹木の適地適木も単純に土壌だけではなく、さまざまな要因を考慮して判断するものでしょう。要因の種類は季節によって変わるかもしれませんし、林齢によっても変わっていくかもしれません。適地適木の考え方は、比較的簡単そうに見えるかもしれませんが、やはり、現場の綿密な観察、森林の長期的な成長や変化のイマジネーションが求められます。

原理・原則50―皆伐面積

皆伐面積の決め方
―自然撹乱による破壊・再生パターンから判断する

Point

1. 皆伐のあり方は自然撹乱による破壊と再生のパターンが参考になる。
2. 自然撹乱のパターンから、皆伐の目安は、50年伐期で約1ha以内、120年伐期で約2ha以内が理にかなっている。

人工林は、いつかは伐採され収穫されます。後述するように、自然の仕組みの模倣を意識した伐り方もありますが、大半は皆伐によって行われます。では、皆伐を行うときはどのような広さの面積にするのがよいのでしょうか？ このことについて、「自然現象との向き合い方」の節(27頁)で述べた原則をベースに考えてみたいと思います。

皆伐－森林を一時的に破壊し、植林等で再生すること

「自然現象との向き合い方」の節では自然撹乱のことを説明いたしました。自然現象の一部として、森林は時々破壊されるのが当然であり、破壊と再生を繰り返すことで森林は自然に維持されてきました。この文脈でいえば、林業は皆伐によって森林を一時的に破壊し、植林等によって森林を再生することであり、自然に代わって人間が森林を維持する営みと考えてよいでしょう。

そこで、合自然性を尊重するのであれば、皆伐の面積や皆伐を行う林齢も、自然撹乱による破壊と再生のパターンを参考に決めていけばよいということになります。そうすれば、一見すると自然破壊とも思えるような皆伐であっても、実際には自然に起こりうる現象の範囲内であり、決して自

然の摂理に反するものではない、ということができます。

自然摂理の範囲内での皆伐目安
－50年伐期は約1ha以内、120年伐期は約2ha以内

　そこで、日本で起こるさまざまな自然撹乱の面積と時間間隔を次頁の図26にまとめてみました。この図から、規模（面積）の大きな自然撹乱ほど時間の間隔をあけて起こり（稀にしか起こらない）、規模の小さな撹乱ほど間隔が短い（頻繁に起こる）ことがわかります。稀に大規模な撹乱をもたらすものは、地すべりや火砕流などで、なるほどと納得できるものがありますね。

　さて、皆伐で収穫するとなると、もちろん生産目標にもよりますが、現実として50～120年生くらいの時間間隔ではないかと思います。そこで50年間隔で起こる自然撹乱の面積をこの図から読み取ると、20m²という小面積から1haくらいの範囲にあることがわかります。つまり50年間隔では、それほど大きな規模の自然撹乱は起きないということです。

　では、120年間隔にするとどうでしょうか。同じように図を読み解くと、100m²から2haくらいまであることがわかります。

　このことから、少なくとも自然の摂理の範囲内で皆伐を行うのであれば、50年を伐期とするならば最大で約1ha、120年を伐期とするのならば最大で約2ha、というのがおおよその目安となります。

　これはあくまでも自然撹乱という生態学上の視点に立ったものなので、現実には作業システムや所有界などいろいろな要素が絡んで、皆伐面積は決まってくるものだとは思います。それでも、少なくとも合自然性の原則から見た皆伐面積はこの程度であるということを、心のどこかに留めておいてください。

　なお、真に自然撹乱を模倣するのであれば、皆伐をしても伐木を搬出せずにそのまま置いておくことになりますが、林業ではさすがにそうはいきません。その点で、皆伐の面積を仮に自然摂理の範囲内に収めたとしても、不自然さは残ります。皆伐の環境へのインパクトは風倒による自然撹乱よ

りも大きいことは、常に意識しておく必要があるでしょう。

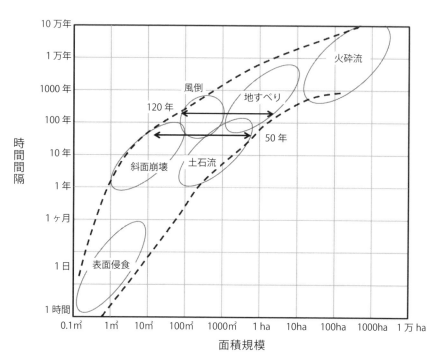

図26　日本の自然撹乱の主な種類ごとの面積と発生する時間間隔の関係

(正木 隆・相場慎一郎編『森林生態学』
共立出版株式会社、2011　第4章掲載の図を改変)

応用編　第4部　森づくり

原理・原則51―地力低下

皆伐と地力低下の関係
－養分を保つ工夫

Point

1. 皆伐を繰り返すことによる土地の生産力の低下は著しく、全木集材では特に地力が低下する場合がある。
2. 地力低下を回避する方法として、葉と枝は林地に残すこと、広葉樹との混交、皆伐の面積の制限、皆伐と皆伐の間の年数を長くする、等が必要。
3. 全木集材か全幹集材にすべきかの判断は、どのような森づくりを行うか、によっても変わる。

伐採した木を運び出すときは、全木集材(枝葉を付けたまま集材)か、あるいは全幹集材(枝払いした後、幹のみを集材)になると思います。作業システムや作業道の入り方、あるいは葉や枝まで収穫して利用するか、など、さまざまな要因で集材の対象は決まると思います。本節では「養分移動の法則」の節(109頁)で述べた原則にしたがって、この集材について考えてみたいと思います。

全木集材による地力低下

「養分移動の法則」の節でもチラリと書きましたが、以前から経験的に、皆伐を繰り返すことによって土地の生産力が低下することが知られています。かつては、伐倒後に枝葉を刈り払って幹のみを収穫することが主体でしたが、現在のシステムでは全木集材も増えてきています。そうなると、ますます地力が低下してもおかしくありません。もちろん、土壌によっては皆伐して全木集材をしても、意外と土壌中に養分が十分に残っているかもしれませんし、逆に大きく減ってしまって次世代の森林の成長がかなり低下するかもしれません。どちらになるかは土壌次第です。

前述のとおり、枝と葉に含まれている窒素の量は地上部全体の半分以上です。それを踏まえると、地上部全体の搬出を何回も繰り返せば、少なくとも窒素などの養分が減っていくのは間違いないと思います。最近の欧米の研究では搬出間伐で全木集材を行うと、間伐をして成長を促そうとしたのにも関わらず、残った木の成長が低下した、という報告もあります。おそらくその研究を行った林地は土壌中の養分の貧弱な環境だったのかと思いますが、ちょっと気になる話ではありますね。

　日本でも、かつては森林で落葉と落枝を農業用に採取していましたが、それによって森林の地力が衰えた例の多いことがわかっています。また、皆伐を行うと、森林は林分成立段階へ戻ります。林分成立段階では地表面に直射日光が当たって地温が上がるので、そのときに有機物の分解が一気に進み、土壌中に蓄えられていた窒素が水に溶ける形に変わります。傾斜地では降雨時に窒素が森林外に流亡する可能性もあるでしょう。こういったことを示す具体的な例は、いざ探してみるとなかなか見当たらないのですが（ご存知の方は教えてください）、たとえば伐期40年で皆伐を繰り返すと地力の低下が生じた、などの印象が語られています（あくまで印象であり、科学的なデータはありませんが）。

地力の低下を回避し、養分を保つ方法

　地力の低下を回避し、森林の土壌の養分を保つためには、葉と枝は林地に残すこと、針葉樹だけではなく広葉樹も混交させることで土壌の保全に配慮すること、そして皆伐の面積はあまり広くしないこと、皆伐と皆伐の間の年数をなるべく長くする、等が必要であることがわかります。

　今後は用材としての幹だけではなく、枝や梢端部などもバイオマス用に積極的に収穫されていく可能性もあり、しかも短伐期での収穫も増えていくかもしれません。しかし以上のように考えてくると、よほど地力の高い場所でない限り、こういった形態の林業は、なるべく（率直に申せば、絶対に）避けるほうがよいと思っています。少なくとも、今この瞬間の収穫だけではなく、将来の生産についても配慮して林業を行う思いをおもちであ

写真27　皆伐され材が収穫された直後の光景

れば……。

　では、農業のように施肥を行うことは意味がないのでしょうか？　これについては以前精力的に研究された結果、残念ながら、効果は一時的で森林の成長を持続的に改善させる効果は望めない、という結論が得られています（もちろん、それ以前に経済的に成り立たないものであることは間違いありません）。

　以上のように、全木集材か全幹集材にすべきかの判断は、どのような森づくりを行うか(どの発達段階まで育てるか、どのような面積で皆伐を行うか)、によっても変わってくるはずのものであり、その結果として作業システムが決まってくる、ということは念頭に置いていただきたいと思います。

原理・原則52―初期保育

初期保育の適期
－根系の貯え、植物が「寝ている」時期に行う

Point

① 下刈りは、根系部の貯えの量が少なくなる6～7月に行う。根系への新たな補充源を断ち切ることになり、植物の勢いは衰える。

植物を叩く－貯えの量が少なくなる6～7月に行う

　高温多湿の日本の気候では、明るい環境下で草、つる、シダ、ササが茂り放題となります。林分成立段階は、こういった植物にとって、これ以上ないほど好適な環境です。そこで、人工林では、林分成立段階での下刈りがどうしても必要不可欠な作業となってきます。

　下刈り作業は炎天下に行うことが多いのですが、これには理由があります。多年生の草やササは、すでに述べたとおり、秋から冬にかけては根系に養分を貯えた状態となっており、それを使って春に新しい葉やタケノコを作ります。根系部の貯えの量がもっとも少なくなるのは、6～7月です。このときに地上部を伐ってしまうと、根系への新たな補充源を断ち切ることになるので、植物の勢いは衰えます。

　ただし、種類によって効果のほどは異なります。すでに述べたとおり、チシマザサなど根系部だけではなく稈（かん）にも貯えの多い植物の場合、下刈りによるダメージは相当大きなものがあります。また、林間に牛を放牧すると、チシマザサが数年で消失することがありますが、これも同じ理由によります。

　一方、地下部の貯えが多いチマキザサはしぶといですね。低木も基本的に同様です。地下部の貯えを使って地上部を出しては枯らし出しては枯ら

し、を繰り返すのが低木の基本的な生き方です。ちょっと刈り払ったくらいではなかなか衰退してくれません。植えた木が低木の背丈を越すまで下刈りを続けることになるかもしれません(「低木(低いままの木)」81頁参照)。

　下刈りをどのくらい繰り返さなければならないのかは、そこに生育している植物の種類を見ればある程度わかります。植物名も大事ですが、あくまでもその植物の生き方を理解することのほうが本質的です。

　つる切りも同様です。とくに巻き付き型のつるは、根系を通じて養分が共有されることで勢いよく伸びている可能性があります。したがって、やはり6〜7月につる切りを行えば、つるの勢いを総体的に衰えさせることができそうです(「つる植物」104頁参照)。

　なお、伐採前の林内に植生がそれほど繁茂していなくても、皆伐後には予想していた以上につるや高茎の草が繁ることがあります。「一体どこから来たんだ？」と思えるほどに……。ゆめゆめ油断なさらぬようにお気をつけください。

図27　下刈りと植栽木の成長
これは下刈りを5年間行った場合の変化をイラストで示したものです。もちろん、現場においてどのような植生が繁茂し、どのように植栽木を圧迫するかはその場の環境、施業履歴、動物の生息状況によって変わります。観察が重要です。

（参考　全国林業改良普及協会編『ニューフォレスターズ・ガイド 林業入門』全国林業改良普及協会、1996）

植物を育てる－植物が「寝ている」秋～冬に作業を行う

　以上のように、ある植物を衰退させたければ、6～7月にその植物を「いじめる」ことが原則です。一方、植栽した樹木や天然更新させた樹木を大切に育てるために手入れをしようとするのであれば、その逆をすればよいことになります。比喩的な表現になりますが、植え付けや枝打ちなど、育てたい植物をいじるのであれば、秋から冬にかけて植物が「寝ている」時期に行うのがベストです。

　植栽したての苗は、根と土壌の密着が不十分で、吸水する能力が劣っています。また、裸苗の場合、苗畑から植栽されるまでの間に苗全体が乾燥気味になることもあります。もしも植栽時に苗が「起きていたら」（つまり春から夏）、苗は光合成を行うために活発に水を吸おうとするでしょう。しかし、吸水する能力がいまひとつのために水分不足に陥り、下手をすると苗が枯れてしまうことになります。

　ポット苗やコンテナ苗は、根がすでに土壌と密着しているので、この点で多少マシだといえるでしょう。それでも、「起きて」いる時に植えると、場所の環境によっては、やはり枯れることがあります。

　枝打ちも同様です。とくに春から初夏にかけて樹木の成長が旺盛なときに枝打ちを行うと樹液がよく流れているために樹皮が剥げやすく、その結果、材に変色が生じます。枝打ちも樹木が寝ていて樹液の流れが止まっている秋から冬に行うのがよいでしょう。

　萌芽更新も同様です。確実に萌芽させようと思うのであれば、適度なサイズ（前述の萌芽に関する原則をご参照ください。69頁）の広葉樹（コナラやクヌギなど）が寝ている秋～冬に伐るのがベストです。地下部に養分が多く残り、翌春の萌芽に有利となります。

　樹木が起きる時期ですが、2月になるともぞもぞと動き出している可能性があります。2月初めの立春という言葉は、もしかすると植物が春を感じて立ち上がるところから名付けられたのでしょうか（と想像したくなりますが、もちろん違います）。

応用編　第4部　森づくり

原理・原則53―皆伐方法

自然撹乱を模倣した皆伐方法
－木を残す施業と複相林

Point

① 皆伐時に木を多少残しておく施業は、本質は自然撹乱の模倣であり、主に生物多様性の保全が念頭にある。

② 複相林も自然撹乱を模倣し、自然界には稀な大面積での撹乱（皆伐）を避け、より小面積の伐採区を散らす方法。

　自然の原理・原則に従った林業を行うとすると、大面積での皆伐が不自然なものに思えてくるかもしれません。図26（162頁）のとおり自然林によく見られる風倒撹乱は、最大で0.2ha程度の面積です。1ha以上の規模の皆伐に相当するような風倒撹乱はなかなか見られません（もちろん稀には起こるのですが……それこそ50年に1度というような頻度で）。

　そこで、たとえ皆伐を行うにしても、より自然に近いかたちで行うべきではないか、という考え方が出てきました。ここでは2つほど挙げてみましょう。1つは木を残す施業、1つは複相林です。

木を残す施業―皆伐時に木を多少残しておく施業法

　最近、皆伐時に木を多少伐らずに残しておく施業法が欧米を中心に提案されています。その本質は自然撹乱の模倣であり、主に生物多様性の保全が念頭にあります。風倒等の自然撹乱では、倒れた木は林地に残ります。また、風倒ではなく老衰によって立ったまま枯れるのも自然撹乱ではよく見られるパターンです。

　こういった倒木・立ち枯れ木は、昆虫や鳥類にとっては重要な営巣場所や繁殖場所になり、生物多様性の保全に貢献すると考えられています。ま

た、大規模な風倒による自然撹乱でも、すべての木が枯れるわけではありません。中にはかろうじて生き延びて立っている木もあります。

　林業の場合、伐倒した木は収穫するので、皆伐という撹乱後に倒木が林内に多数残ることはほとんどありません。また人工林の場合、老衰による立ち枯れ木が生じていることもあまりないでしょう。そこで、せめて「かろうじて生き残っている木」を演出することを企図し、皆伐時に木を少し伐り残すアイデアが生まれました。欧米では試験的な導入が始まったところですが、日本では基礎研究のレベルでようやく緒に就き始めたばかりです。

　しかし解決すべき課題は多いですね。どのくらい伐り残せばよいのか？　どのような形質の木を伐り残せばよいのか？　固めて伐り残すのか、散在させて伐り残すのか？　そもそも本当に効果があるのか？──わからないことが満載です。興味と余裕があれば、試しにちょっとやってみるのも面白いかもしれません。

　ちなみにこういった方法は、かつて埼玉県の西川林業などでも行われていましたが、これは多様性の保全や撹乱体制の模倣という意図ではなく、あくまでも大径の材を生産するための方法だったと思います（皆伐にともなう地力の低下を経験的に避ける意図もあったかもしれません）。そう考えると、林業という営みの考え方の幅もかなり広がってきたことを実感します。

複相林－大面積での撹乱を避け、より小面積の伐採区を散らす方法

　もう1つの方法は複相林です。複層林とは1つ字が違いますね。発音こそ同じですが、中身はまったく異なるものです。たとえばスギの下にスギを植えるようなかつての複層林は、自然にはほとんど見られない林型で、自然の摂理・原則に反しています。スギやヒノキの稚樹は落葉広葉樹の林冠下に生育することはあっても、同じ樹種の林冠下で天然に更新することはほとんどありません（例外はありますが）。また、暗い環境下で育った樹木の根は貧弱であり、健全に森を育てるという観点からも不合理なものでした（さらに作業システム上も難しい面があります）。

一方、複相林は、ざっくりいうと、スギの横にスギを植えるようなものと考えてください。たとえばスギの人工林を小さなパッチ状、あるいは帯状に皆伐を行い、その後にスギを植栽するような方法です（写真28）。これもまた自然撹乱を模倣し、自然界では稀な大面積での撹乱（皆伐）を避け、より小面積の伐採区を散らす方法です。これにより、さまざまな発達段階の小林分がモザイクのように組み合わさった姿となります。発達段階の1つ1つを「相」とも呼ぶことから、「複相林」と呼ぶわけですね（なお、木を1本伐って生じた小さいスペースも「相」と呼べますので、複相林は実はかなり幅広な概念であることを付記しておきます）。

これが導入された現場は増えてきたようですが、果たしてこれが本当に自然の摂理の範囲内といえるのかどうか、まだ結論は出ていないと思います。もちろん皆伐によるさまざまな負の影響を、多少は回避できる可能性は大きいと思います。

写真28　試験的に行われている複相林の空中写真
これは関東森林管理局で行われている試験の様子をドローンで撮影したものです。約10haの高齢ヒノキ林を幅約25m、長さ50〜150mのブロックに区分し、3回に分けて伐採・植栽が進められています。現在までに2回の伐採・植栽が行われた結果、発達段階の異なる3タイプの区画がモザイクとなっています。林齢は14年生（林分成立段階）、34年生（若齢段階）、117年生（成熟段階）ですが、どの区画がどの発達段階か、どうぞご自身で当てはめてください。
なお、この写真は、関東森林管理局森林技術・支援センターの仲田昭一さんによって撮影されたものですが、センターのご協力により本書に掲載する許可をいただきました。この場を借りてお礼を申し上げます。

原理・原則54―混交林

スギ・ヒノキ人工林＋広葉樹の混交林
－その難易度と可能性

Point

① 若齢段階は林内が暗く、かつ埋土種子は枯渇している等の理由から、広葉樹をすぐに混交させることは難しい。

② 多雪地帯のスギ林と広葉樹が混交している事例は、林分成立段階に定着した広葉樹がそのままスギとともに成長したもの。

③ 成熟段階以降は広葉樹の混交を進めることが容易になる。

　自然に近い仕組みで森づくりを行う手法として、さらにもう1つ、スギやヒノキの人工林に広葉樹を混交させる試みが挙げられます。確かに、土壌の保全や生物多様性の維持のためには、針葉樹の一斉林よりは、広葉樹の混交した森林のほうがよいでしょう。

　しかし、これは思ったよりも難しい施業です。いくつかの原則に従って考えていくとそのことは容易に理解できると思いますので、以下順を追って説明いたしましょう。

50年生前後の若齢段階からの混交は難しい

　まず前提として、スギやヒノキの人工林に広葉樹を混交させるわけですが、現在の人工林の多くが50年生前後で、若齢段階の後半にあります。すでに述べたとおり、この段階はまだ林内が暗く、自然に広葉樹や下層植生が繁茂することはなかなかありません。したがって広葉樹の混交を今の段階で行おうとするのは時期尚早かと思います。成熟段階にまで到達すれば、広葉樹を混交させることは比較的容易になります。

それならば、間伐を強めに行って明るくすればよいのではないか、と思われるかもしれません。しかし、若齢段階後期ということは、真っ暗で植生のない状態がそれだけ長く続いてきたということです。「埋土種子」の節（112頁）で述べたように、樹木の埋土種子の寿命は短く、すでに枯渇しているはずです。外から種子は飛来していると思いますので、それに由来する芽生えはあることでしょう。もしも種子源が近くにあればそれなりの数の芽生えや稚樹が定着し、混交林へと誘導できるかもしれません。しかし、そうでもない限り外から飛んで来る種子によって急速に混交林化が進むことは期待できないと思います。

　さらに、林内が明るすぎてもダメです。広葉樹林の生態を観察していると、明るすぎる環境では草や低木が繁茂し、高木性広葉樹の稚樹が被圧されている例をよく見かけます。一方、草や低木の繁茂は無理でも広葉樹が生き残ることは可能という微妙に明るい環境では、広葉樹の前生稚樹が生育している例が見られます。広葉樹を混交させようとするのであれば、こういった環境を創り出さなければなりません。したがって弱度の間伐を行うことになるでしょう。

　しかし、成長途上の若齢段階では、弱度の間伐を行ってもすぐに上がふさがって元の暗さに戻ってしまいます。そこで弱めの間伐を繰り返すことになります。一方、成熟段階に達した森林では、弱度の間伐後も林冠が完全にはふさがらず微妙に明るい環境が持続します。こういったことを考えても、若齢段階で広葉樹を混交させることは難しく、成熟段階まで待つのが得策だと思うのです。

多雪地帯のスギ＋広葉樹混交林

　多雪地帯のスギ林では、広葉樹が混交してスギとともに林冠を構成している事例をよく見かけます。この広葉樹は若齢段階で混交したものではなく、林分成立段階に定着した広葉樹がそのままスギとともに成長したものです。

　ちょっと話は逸れますが、こういった広葉樹にウダイカンバが目立つよ

うなら、その林分は下刈りがあまり念入りに行われなかったと考えてよいかもしれません。なぜなら、ウダイカンバの稚樹は下刈りに弱いからです。

多雪地帯のスギに混交する広葉樹には、まっすぐ上に伸びているものが多いように見えます。前にも述べたとおり、広葉樹は本来頂芽優勢の性質が弱いため、光を求めて自由奔放に伸びるものですが、両隣をスギに囲まれている場合、明るい光は真上にあるため、上に向かって伸び始めることでしょう。おそらくこのために林分成立段階からスギとともに生育している広葉樹は比較的まっすぐに立っているのかもしれません。

成熟段階以降の広葉樹との混交

同様に、成熟段階以降に広葉樹を混交させる場合も、上手に間伐を行えば、広葉樹は真上に光を求めてまっすぐ伸びていくかもしれません。しかし、斜面で光が斜上から来る場合、あるいは積雪の圧力で冬が来るたびに倒されるような場所では、このとおりにはいかないことでしょう。現実の森林では、さまざまな変化要因が加わるものです。原理・原則は、決してそれにとらわれるものではなく、それをベースに現場の状況を柔軟に考えるための道具であると心得てください。

写真29　110年生ヒノキ人工林の下層から混交し始めた広葉樹
こまめに間伐されてきた110年生のヒノキ人工林。成熟段階へと移行すると同時に、下から広葉樹が成長し、混交し始めています。

応用編　第4部　森づくり

原理・原則55―天然更新

天然更新の難易度と方法

Point

1. 天然林の更新―たとえばブナ林を皆伐すると、ササや高茎の草などが旺盛に繁茂し、天然更新の邪魔をする。
2. 更新方法―目標樹種の前生稚樹を見つけ、それが育ちやすい適切な光環境をつくる（上木を択伐）。

　これまでは伐採による収穫後は再度植栽するという前提で話を進めてきました。しかし、植栽には苗木代や人件費がかかるので、天然更新に魅力を感じる方も多いと思います。魅力というよりは誘惑に近いかもしれません。

　では、ここで質問をいたします。天然更新は簡単だと思いますか、それとも難しいと思いますか？

　正解は……どちらでもない、というのが筆者の用意した答えです。ある意味では簡単、しかしある意味では非常に難しい、これが天然更新だと思っています。

皆伐後の天然更新は難しい
―天然更新を邪魔する植生が繁茂する

　まず難しい理由から述べましょう。前述のとおり、天然林の更新はすでに林床に定着している前生稚樹が元となります。しかし、たとえばブナ林を皆伐すると、ブナの前生稚樹だけではなくササや高茎の草など、天然更新を邪魔する植生が旺盛に繁茂します。とくにチマキザサなどの場合、除草剤散布や下刈りを繰り返しても処理後数年も経てば、旺盛に茂った状態にまた戻ります。こんな環境でも、樹高50cm程度の広葉樹の前生稚樹がha当たり10万本（㎡当たり10本）くらい生えていれば、確実な更新が見

込めます。ただし、現実には前生稚樹がそんな高密度で生えている現場はそれほどないはずです。それゆえ、ただ皆伐を行うとササ原になってしまうことも珍しくありません。こうなってしまっては、天然更新としては明らかに失敗です(写真30)。

そこで前生稚樹が少ない状態で皆伐を行って天然更新を図る場合、下刈りを行うことになります。しかしスギやヒノキと異なり、広葉樹の稚樹はササ類と同化しているため、誤伐のリスクが避けられません。また、目標林型を考えた場合、天然更新で目的樹種を狙いどおりに更新させられるかどうかは運次第といえるでしょう。

このように皆伐後の天然更新は、基本的に難しい技術です。安易に行うものではないと思います。

写真30　皆伐してブナの天然更新を図った林分の失敗事例

皆伐から30年経過した現在、林床はチシマザサに覆われ、植生を事前に入念に除去した場所にダケカンバがわずかに生えるだけの林相となっています。ちなみに白いヘルメットを被っている御仁は身長180cm（矢印）。後方約100m先には伐り残されたブナ林が見えますが、ブナの種子源として機能しませんでした。

天然の稚樹が育つ環境をつくる－上木を択伐する

しかし一方で、天然更新が簡単にできるシチュエーションもあります。それは林内を念入りに観察し、目標となる樹種の前生稚樹を見つけたら、

それが育ちやすい適切な光環境となるように、その上を覆う木を択伐することです。その後も、その稚樹の成長をこまめに観察し、光環境が悪化したと思ったらまたさらに上木を択伐します。もちろん植栽する必要もありません。目的樹種を選んで育てようとしているので、目標も明確です。ただし、キーワードは「念入り」「択伐」「こまめ」です。皆伐で一気に更新を図るようなやり方とは正反対の方法といえるでしょう。申すまでもありませんが、30％間伐を行えばうまくいくものでもありません。さらに、上木の伐採時に目的の前生稚樹を損傷させない配慮と伐倒技術が不可欠です。

　さて、もう一度読者の皆様に質問したいと思います。果たして天然更新は難しいと思われましたか、それとも簡単だと思われましたか？

写真31　択伐後の天然更新事例
ヒバを択伐した場所で、ホオノキの前生稚樹が旺盛な樹高成長を始めています（残念ながらこのホオノキの更新を狙った択伐ではなく、結果的にこうなったという事例ですが……）。

原理・原則56―天然更新と林業経営

「皆伐後、放置しても森林に戻る」嘘か誠か
－材を生産する立場からは、皆伐後の天然更新は避ける

Point

1. 高温多湿の日本では、野原もいつかは樹木が生い茂る山へと推移していくが、経済的視点からは「自然に森林に戻る」という見方はできない。
2. 材を生産する立場からは、皆伐後の天然更新は避けるほうが無難。

　前節で、皆伐後の天然更新はなかなか難しいことを述べました。しかし、それに違和感を覚えた方もおられるかもしれません。山を伐って放置しても、やがては自然に森林に戻っていくのが普通ではないか？　そう思われても不思議ではないでしょう。諺に「後は野となれ山となれ」とあることからも、森林を伐って野原のようにしたとしても、いつかは元の山の姿に戻っていくことがうかがえます。遷移の仕組みからいっても、自然に森林に還ることは当然のことのように思えます。

　しかし結論から申せば、これもまた、ある意味で正しく、ある意味で間違っています。

材を生産する立場からは、皆伐後の天然更新は避けるべき

　正しい理由はまさに上に述べたとおりです。少なくとも、高温多湿の日本では、どんな野原もいつかは樹木が生い茂る山へと推移していくと考えてよいでしょう（ただし土壌が失われていなければ、ですが）。

　しかし、ここに経済的視点を加えた瞬間に、「自然に森林に戻る」という見方は間違っていることになります。なぜならば、産業であるからに

応用編　第4部　森づくり

は、木材を確実に再び生産しなければなりません。しかし、何が生えてくるのかわからず、ましてや放置して30年たってもササ原のままだとしたら、林業経営としては失敗です。ササ原がいつかは森林に還っていくとしても、それには長大な時間が必要となります。経済行為として見た場合、そんな悠長なことはできません。少なくとも、何年後に目標林型を達成できそうか、その予測くらいはできないといけません。しかしそれも難しいことです。

以上のことを踏まえ、改めて強調したいと思いますが、「材を生産する立場からは、皆伐後の天然更新は避けるべき」です。

一方、もし皆伐後の目標林型が単なる天然林の再生で、特段のタイムリミットも設けないのであれば、別にそのまま放置するのも構わないでしょう。しかし、それに対して「天然更新」という呼び名を当てはめてよいかどうか……。読者の皆様はどう思われますか？

写真32　伐採後に放置した現場は今……
森林総合研究所の山下直子さんから教えていただいた関西地方での事例です。写真の場所は、約10年前にスギ林を皆伐して放置したところ広葉樹はまったく更新せず、イワヒメワラビなどが繁茂してしまった現場です。こうなったのは、シカの密度が高いことも一因だとか。このように、皆伐・（天然更新という名の）放置された森林が再生していない事例は、枚挙にいとまがありません。ちなみに写真の現場では結局、地元の山で広葉樹の種子を採取して苗を作り、植栽することとなったそうです。

原理・原則57―シカ個体数増減

シカ個体数増減の法則

Point

1. シカの個体数が自然に減ることはないだろう。
2. 皆伐はシカの絶好の餌場を作り出す。
3. 毎年約10%の割合で増え続けている。

さて、ここまで書いてきたことは、シカが不在、あるいは少ない地域でのみ、当てはまる内容だったかもしれません。たとえば、シカがたくさん生息する地域では、成熟段階の森林でも下層植生がまったく見られず、前生稚樹がまったくないことも珍しくありません。シカは本当に厄介ものです。

シカが増加した複数の要因

なぜシカがこんなにも増えてしまったのでしょうか。理由は単純ではありません。複数の要因が重なったものです。戦後の拡大造林で開放地と森林の混在した景観が出来上がったこと（シカが好む環境です）、狩猟者人口

写真33　宮城県沖の金華山では神使のシカが保護されると同時に植生も柵で保護されている

この写真を見ると、シカのいる・いないで植生がどう変わるかがよくわかります。なお、ここは神社であり観光地であるがゆえに、柵のメンテナンスが抜かりなく行われていることを付記しておきます。
この写真は筆者が2002年に撮影したものですが、今はどうなっているのでしょうね。

が減ってきたこと、つい最近まで人間に愛され護られていたこと、以前よりも降雪量が減ったこと、などが大きな原因だと思います。さらに、ニホンオオカミが絶滅したためだ、という説もありますね。ただし、オオカミやコヨーテの生息するアメリカでもシカの数が増え続けていることを踏まえると、オオカミがいなくなったことの影響はさほどではないと筆者は考えています。しかも、ニホンオオカミは大陸やアメリカのオオカミに比べると別の生き物かと思うほど小さく、外見はほとんどイヌのようですし……。

シカの個体数が自然に減ることはない

　さて、シカに関する原則をいくつか挙げてみましょう。
　第1に、シカの個体数が自然に減ることはありません。時に大量死で減ることがあっても数年で元に戻ります(残念ですが…)。
　第2に、シカは毎年約10％の割合で増えています（8年で2倍になります）。ただし上限はあります(上限は土地の生産性によって決まります)。
　第3に、シカを減らすためには、毎年30％のシカ（とくにメス）を駆除しなければなりません（なかなか難しいかもしれませんが、減らそうと思ったらなんとかしてやり遂げるしかありません）。

　筆者は生態学の研究者ですが、正直に申しましてシカについてはどう捉えてよいのやら、戸惑うばかりです。本来の生態系の中でかつて調和的に存在していたのかどうかも、よくわかりません。ただ唯一、1つだけいえる確実な原則、それは、「林業を営むなら今すぐにシカを減らす方策をとり、実際に減るまではひたすら防御せよ」に尽きると思います。
　とくに皆伐はシカの絶好の餌場となり、シカの増加を加速させかねません。また皆伐後の植栽地を柵で囲っても9割の確率で破られる、という推定もあります。主伐で皆伐を検討する場合は、シカの存在のことを十分に考慮して判断する必要があるでしょう。

原理・原則58―目標林型モデル

森づくりの原則の参考モデル
―明治神宮の森

Point

1. 自然の仕組みに忠実―アカマツ林から広葉樹林への遷移する仕組みを取り入れている。
2. 途中段階の目標林型、最終的な目標林型を明確に描いている。
3. 樹種の選択が適切―関東地方の平野部の原植生の常緑広葉樹にスギやヒノキがわずかに混交する姿を目標林型としている。

計画的に植栽し、天然林状態を創り出した設計方針とは

　明治神宮の森は、森づくりの原則を考える上でいろいろと参考になるので取り上げてみたいと思います。明治神宮の土地は、ご鎮座の前はほとんど無立木地でした。その場所に計画的に樹木を植栽し、今日あたかも天然林であるかのように見える森林を創り出したのです（次頁、写真34）。その計画を練り上げたのは、本多静六、本郷高徳、上原敬二をはじめとする当時の学者たちでした。

　図28をご覧ください。これは明治神宮の森をつくるときに作成された設計書です。正三角形に近い樹冠で記されているのがアカマツ・クロマツ、二等辺三角形の樹冠をもつのがスギ・ヒノキ、そのほかの丸い樹冠で描かれているのが広葉樹です。なぜこれが森づくりのお手本といえるのか、以下、順を追って述べてみましょう。

その1　自然の仕組みに忠実

　第1に、自然の仕組みに忠実だったことが挙げられます。設計書を見ると、アカマツ林から広葉樹林に遷移するという、自然界によく見られる仕

応用編　第4部　森づくり

写真34　現在の明治神宮

筆者は、現在の明治神宮の森は設計書のIIIからIVへの移行段階にあると見ています。発達段階でいえば成熟段階の前半でしょうか。さらに述べれば、IIIとIVの間にもう1つ別のステージがあると筆者は考えています。詳しい見解はそのうち論文などで発表したいと思います。

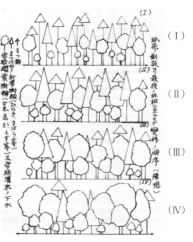

図28　造成時の設計書

組みを取り入れています。無立木地は直射日光がきつく、土壌の水分環境も劣化していると考えられるので、まずは荒れ地に強いアカマツを植え、その下に将来の目標樹種となる広葉樹を植えています。広葉樹はアカマツによってもたらされるマイルドな光環境下で安全に生育し、今見るような林型へと推移させることに成功しました。ちなみに、この方法は千葉の山武林業からヒントを得たといわれています。山武林業では、アカマツの下にスギを植えることで環境を和らげるとともにスギの年輪成長を抑制し、目の詰まった高品質大径材を生産する方法をとっていました。この方法を参考にしたといわれています。ただし、神宮林としての外見をなるべく早く整える必要性、献木の中にスギやヒノキも含まれていたこと、などの現実的な理由もあったようです。

その2　途中段階、最終段階の目標林型が明確

　第2に、途中段階の目標林型、最終的な目標林型を明確に描いていた点です。目標林型の重要性については何回も言及してきましたが、明治から大正にかけて活躍していた森林の技術者は、その重要性を現在のわれわれよりも深く認識されていたと思わざるを得ません。

その3　樹種の選択が適切

　第3に、樹種の選択が適切でした。花粉分析によると、関東地方の平野部の原植生は、常緑広葉樹に多少スギやヒノキが混交する姿だったと考えられています。設計書の最終段階(Ⅳ)を見ると、紛れもなくその林型が描かれていることがわかります(もちろん前述した現実的な背景もあったことでしょう)。今の技術者だったら、常緑広葉樹だけからなる林相（いわゆる潜在自然植生）を目標にしてしまうかもしれません。

　ただし、筆者は明治神宮の森づくりが完全な成功だとは思っておりません。植栽された広葉樹の苗木は全国からの献木によるものなので、遺伝的な性質がバラバラです。今後、植栽樹木同士が交配して次世代ができたときに、どのような性質の森林となるか、読めない部分があります。また、クスノキが多数植栽されていて現在それが林冠のかなりの部分を占めているのですが、自然状態の照葉樹林では、クスノキはほとんど生育していません。そういう意味では、種の構成として不自然な面があります。

　さらに、明治神宮の林床を見ると、低木や草は繁茂しているものの、まだ次世代の苗が自然に生えてきている段階ではありません。遠い将来、この森林が成熟段階から老齢段階に移行したとき、当初の目的どおり「永遠不変の森」の姿となるかどうか？　それを判定することはまだできません。

　逆にいうとこの森林は、森づくりを考える上で、これからも優れた学びの事例であり続けることでしょう。

図29
明治神宮内苑
70ha内の樹木
の分布の変遷
2例（外枠の
刻みは100m)

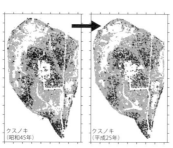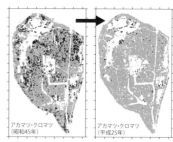

左側のクスノキは昭和45年から平成25年にかけて多少まばらにはなりましたが内苑全体に分布し、また1本1本がよく成長しています。一方、右側のアカマツ・クロマツは林縁付近以外ではほとんど消失しました。

原理・原則59―森林管理と目標林型

「配置の目標林型」とは
－その4原則

Point

① 基本は、地位と地利に基づいて森林の機能の配置を考えること。

② 森林管理には、森林を広く見る視点「配置の目標林型」を意識することが必要。

ここまで述べてきた森づくりは「林分」を相手としたものでしたが、最後に、もっと広い範囲での森づくりのことを考えてみましょう。キーワードは「配置の目標林型」です。これについて原則をいくつか述べてみます。

原則1　地位と地利に基づく森林の機能の配置

第1に、地力があり（「林床の植物から土壌環境を推定できる」の節（98頁）で紹介した「地位」が高い）、間伐や搬出も行いやすい（地利がよい）場所であれば、木材生産機能を優先してもよいことになります。逆にそのいずれかが不利であれば、森林のそれ以外の多面的機能を発揮する場所とするのが無難でしょう。このように、地位と地利に基づいて森林の機能の配置を考えるのが基本的な原則です。

原則2　渓畔林は木材生産の場としない

第2に、たとえ地位も地利も申し分ないとしても、渓流沿いの森林（渓畔林）は木材生産の場とするべきではありません。渓畔林は生物多様性が高く、また重要な機能をさまざまに備えています。ここで詳しく述べるスペースはありませんが、渓畔林の状態の良し悪しはそれこそ海にまで波及します。したがって、渓畔林は利用よりも保全を優先するべきです。もしも、渓流沿いに一斉人工林があれば、将来は混交林へと誘導していくほう

がよいと思っています（前述のとおり簡単な作業ではありませんが）。

原則3　地位の低い場所では無理に木材生産は行わない

　第3に、よりきめ細かい配置も重要です。木材生産の場として位置づけた林分でも、沢から尾根にかけて樹木の成長が変化するのはすでに述べたとおりです。したがって、中腹から下（ただし渓流沿いは除く）を木材生産の場とし、尾根近くの地位の低い場所では無理して木材生産は行わない、というきめ細かな区分けにも一考の価値があります。

原則4　生物多様性の保全
－広葉樹林は大面積で一体的に配置する

　第4に、人工林の大半が若齢段階の後期である現状では、やはり広葉樹を主体とする林分が生物多様性の保全に重要です。しかし、広葉樹林が細切れに散在していてはあまり効果がありません（「生物の多様性の意味とは？　何に役立つのか？」の節（118頁）を参照）。大きい面積（目安としては100ha以上）で一体的に配置する必要があります。国立公園や生態系保護地域などの大きな保護区はもちろん重要ですが、各地域に、こういった多様性保全のためのもう少し小さな核があってもよいと思います。

　以上のとおり森林の配置の原則も、実は常識的なことの積み重ねですが、森林を広く見る視点は、意外と見落とされがちです。森林管理の中で、ぜひ配置のことも意識していただければと思います。

　なお、さらに広く、日本全体の森林を考えると、いわば「遺伝子の配置の目標林型」（これは筆者の造語です）も意識する必要があります。スギやヒノキについては、成長の適不適の観点から、地域を越えた苗の移動が法令で制限されています。一方、広葉樹の場合は、地域固有の遺伝子を守り保つために一定の範囲を越えた苗木の移動を避けるべきであることがわかっています（しかしながら、これに関する法令はまだありません）。「遺伝子の配置の目標林型」については、また別の機会に原理・原則を踏まえて考えてみたいと思います。

原理・原則60―疑う姿勢

「定説を常に疑う」姿勢が大事
－従来の指標や考え方は新しく塗り替えられる

Point

① 従来からの指標や考え方が、新しいデータとともに塗り替えられる。

② 森づくりを行っていく上では、既存の知識や方法をすべて疑う姿勢が必要。

定説がくつがえった例
－樹高成長曲線の補正

　間伐をした後、どのように樹冠長率が変化していくかを予測するためには、それ以降の樹高成長を予測する必要があります。そのために用いるのが樹高成長曲線です。これは次頁、図30のように、地位別に林齢と樹高の関係を表したものです。

　この例では、従来の曲線(破線)に基づくと、樹齢70年を超えると樹高の伸びはほとんど止まってしまうことになっています。しかし、高齢林のデータが増えたので最近新たに作り直したところ、70年生以降も樹高が伸び続けることがわかったので、曲線が補正されました(実線)。

　このように、従来からの指標や考え方が、新しいデータとともに塗り替えられることはよくあります。前に述べたように、カラマツ林の収穫効率最大の伐期が従来は30年と思われていたものが、実際には70年生以降であることがわかってきましたが、それも1つの例です(154頁参照)。

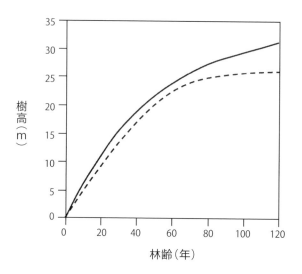

図30　地位が高い林分でのヒノキの樹高成長曲線（山梨県の例）
点線は従来の曲線、実線は最近のデータに基づいて補正された曲線。

「定説を疑う」

　このように、今日流布しているマニュアル、規準、指針はいつ変更されるかわかりません。信じきってはダメです。森づくりを行っていく上では、既存の知識や方法をすべて疑う姿勢が必要です。もちろん、筆者がここまで述べてきた内容も、疑っていただいてかまいません！　こういった健全な批判精神こそが重要だと思っています。「定説を疑う」……これも森づくりの原理・原則の1つとして強調したいと思います。

応用編　第4部　森づくり

原理・原則61―正解のない森づくり

最も重要な4つの森づくりの原理・原則

Point
1. 「生物として森を見る」
2. 「大事なことは何1つわかっていない」
3. 「やってはいけない森づくりがある」
4. 「正解はない」

最後にまとめとして、一番大切な原理・原則を4つほど述べたいと思います。

その1「生物として森を見る」

このことについて多く述べる必要はないでしょう。樹木は、そして森林は生き物です。期待を裏切ることがあります。予想していなかった結果になることもあります。つまり……。

その2「大事なことは何1つわかっていない」

そう、森林について重要なことは、実はまだ何もわかっていないかもしれない、ということです。前節の内容とも少し関連しますが、人間は、森林の生態の全情報を把握しているわけではありません。

読者の皆様も、ここまで読まれてきて、「そうは書いているが、でもあれはどうなんだろう？　自分の見たことと違うのではないか？」などと思われた箇所があったかもしれません。それは当然のことです。筆者はあらゆる森林の情報を知っているわけではないし、また情報があったとしてもそれを説明・理解するだけの学術的な理論が確立していない場合もあります。ゆえに、森づくりの考え方も、最大公約数としての原理・原則として整理していくしかありません。

その3「やってはいけない森づくり」

　原理・原則に基づいて森づくりを考えたとしても、ピンポイントで「こうすべきだ」という方法が見えるわけではありません。むしろ、「これは問題ないだろう、これも自然の摂理にかなっていそうだ、あれも無難そうに見える」と、「安全そうな」選択肢がいろいろと浮かび上がってくるものだと思います。

　一方で、「あれはやってはいけない、これも不安だ、これもヤバそうだ」というように、「やってはいけない」選択肢は、ピンポイントで見えてくるのではないでしょうか。

　実際のところ、森づくりを「こうすべき」と考えることは危険です。今までいくつもの失敗を重ねてきました。たとえば、全国一律に吉野林業の体系を取り入れたこと、全国一律に拡大造林を行ったこと、全国一律の施業を推奨したこと、など枚挙にいとまがありません。どのように森づくりを行うかは、個別の事情に合わせて考える必要があります。多雪地域で拡大造林を進めるべきではなかったし、病気の発生しやすい土壌で長伐期施業を行うべきではなかったし、皆伐によるブナ林の天然更新を進めるべきではなかったと思います。

　したがって、「やってはいけないこと」を除外した後、わかっている範囲での原理・原則に基づいて、安全かつ確実に実行可能な選択肢の中から、目標林型や作業方法を設定することが大切なのです。

その4「正解はない」

　以上をまとめると、結局のところ森づくりには「正解がない」というところに行き着きます。あるのは不確実性のある選択肢のみです。その中からどれを選べばよいのか？　それは状況によってさまざまですし、価値観によってもさまざまでしょう。決まった正解がないことは、逆に自由があるということでもあります。

　それゆえに、筆者は「森づくり」は、やりがいがあると思っています。

応用編　第4部　森づくり

そして前書きで述べたように、楽しいことだと信じています。どうか原理・原則を自由自在に操って、読者の皆様それぞれのオリジナルの理想の森をつくっていただければ、筆者としては大変うれしく思います。それが日本の山の未来につながっていくことでしょう。

写真35　1997年に筆者が撮影した看板

皆様は、自分の考えでつくる森に看板を立てるとしたら、そこにどのような文章を掲げますか？ ちなみにこの写真は、この地域にわずかに残された貴重な天然林の保護林があるというので見に来た時に撮ったものです。その森は、この看板を過ぎて林道を少し進んだ先にあるはずでした。しかし、着いてみるとその森は皆伐されて無くなっていたのです。その現場の写真は載せずにおきましょう。

結びにかえて

　本書で述べた内容・情報はもちろん筆者1人で調べ、集めたものではありません。同僚研究者、先輩研究者、キラリと光る林業関係者、学生時代に指導してくださった先生方など、さまざまな方々から直接、間接にご指導・ご教示いただいたことばかりです。お世話になった方があまりに多くて、ここでお名前をすべてあげることはできませんが、とくにインスピレーションをいただいた方を紹介すれば、伊藤 哲さん、大住克博さん、小山泰弘さん、鈴木和次郎さん、高田克彦さん、高原 光さん、谷本丈夫さん、中静 透さん、藤森隆郎さん、横井秀一さん、渡邊定元先生の各氏です（五十音順）。また、職場の先輩で5年前に亡くなられた金指達郎さん、筆者と同い年で2年前に亡くなられた山形大学教授の小山浩正さんからもさまざまなことを教えてもらいました。なお、本書の最後に述べた「やってはいけない森づくり」というコンセプトは、伊藤 哲さんが考えたものを借用させていただいたものです。多くの方々に、この場を借りて心から感謝の意を捧げます。

　なお、本書で扱わなかった内容もいくつかありました。たとえば、吉野林業など日本に昔からある施業体系のこと。択伐天然林施業のこと。これらは重要ではありますが、取り上げていません。その大きな理由は、筆者が今までそれに触れる機会が少なく、リアリティのある原理・原則にできそうもなかったからです。また、スギやヒノキの天然更新も、筆者にとってはいまひとつ原理と原

則が見えていないため、まとめることを諦めました。さらに地質や地形のこと、樹木の遺伝子のこと、育種のこと、苗木の詳しい生態のこと、シカのことなども、時間とスペースの都合上、あまり深く記述することはできませんでした。

　もちろん筆者は、これからも自ら研究し、また、これまで出会った方やこれから出会う方からいろいろなことを学んでいくこととなります。こうして筆者の経験や森林科学分野での研究が今よりも進んで、さらに広い内容について取り扱うことができるようになれば、その時にまた改めて、原理・原則に追加したいと思います。それまでは、ぜひ読者の皆様ご自身がご自分なりの捉え方で、本書で触れることのなかった森林の仕組みを解きほぐし、オリジナルの原理・原則をつくられることを心から期待いたします。

　最後になりましたが、この本の執筆を筆者に熱心に勧めてくださった湯浅 勲さん、拙稿に目を通していただき貴重なご意見をくださった藤森隆郎さん、酒井秀夫先生、そして陰に陽に筆者を励まして執筆を助けてくださった全国林業改良普及協会の白石善也さん、本永剛士さん、岩渕光則さん、吉田憲恵さん、そして株式会社要林産の杉山 要さんに心から感謝を申し上げます。なお、本書の内容の一部は日本学術振興会の科学研究費補助金および公益財団法人住友財団の環境研究助成による研究成果に基づくものです。

正木　隆

索引

あ行

赤沢自然休養林のヒノキ………………… 50
アカマツ………………………………… 157
アカメガシワ………………………… 58、113
秋田の天然杉…………………… 16、49、106
芦生のスギ……………………………… 106
芦生研究林……………………………… 52
アスナロ………………………………… 72
孔（気孔）…………………………… 35、56
阿武隈山地……………………………… 27
アルプス山脈………………………… 21、26
硫黄……………………………………… 24
育苗……………………………………… 39
伊勢湾台風……………………………… 28
遺伝子………………………………… 93、119
遺伝子の配置の目標林型……………… 186
イマジネーション……………………… 159
イワヒメワラビ………………………… 179
陰樹…………………………………… 58、97
上原敬二………………………………… 182
ウダイカンバ…………………………… 173
英国王立樹木園………………………… 73
エゾマツ………………………………… 60
枝打ち…………………………………… 168
枝下高……………………………… 128、147
エネルギー………………………… 42、81
飫肥林業………………………………… 16
温室効果ガス…………………………… 149
温帯域…………………………………… 26
温帯性針葉樹……………………… 19、158
温帯林…………………………………… 150
温暖化…………………………………… 149

か行

外生菌…………………………………… 66
皆伐…… 29、147、160、163、169、181
カエデ…………………………………… 58、80
拡大造林…………………………… 45、180、190
火山灰…………………………………… 22
化石燃料………………………………… 151
下層植生………………………………… 180
下層木…………………………………… 148
渇水緩和機能…………………………… 116
活性酸素………………………………… 60

花粉生産量……………………………… 145
壁厚……………………………………… 61
刈り払い………………………………… 83
稈………………………………………… 166
乾期……………………………………… 60
環孔材…………………………………… 62
幹材積…………………………………… 142
岩石……………………………………… 22
冠雪害………………………………… 131、134
関東森林管理局………………………… 171
カンバ…………………………………… 79
間伐………………………………… 96、126
季節風…………………………………… 55
木曾ヒノキ……………………………… 50
北上山地………………………………… 27
キツツキ………………………………… 118
樹肌……………………………………… 128
ギャップ…………………………… 80、97
吸水……………………………………… 168
休眠芽…………………………………… 69
胸高直径………………………………… 152
凶作年…………………………………… 75
共生関係………………………………… 67
霧島の天然アカマツ…………………… 47
近緑種…………………………………… 151
金華山…………………………………… 180
クマイザサ……………………………… 82
クルミ（オニグルミ）………………… 79
黒い森…………………………………… 16
クロマツ林……………………………… 91
景観の多様性…………………………… 119
経験則…………………………………… 157
経済林…………………………………… 159
形状比…………………………………… 131
形成層…………………………………… 36
経年変化………………………………… 86
渓畔林………………………… 102、119、185
原植生………………………… 21、30、184
原生林…………………………………… 118
献木……………………………………… 183
高茎の草………………………………… 175
光合成…………… 34、43、45、56、60、69
　　　　　　　　　　　　　81、103、158
黄砂……………………………………… 111
合自然性の原則………………………… 161
洪水調節機能…………………………… 116
洪水……………………………………… 144
高成長維持説…………………………… 117

索引

高品質大径材	183
鉱物	22
高木	81
高木性	45、71
広葉樹二次林	124
国立公園	119、186
枯死	92
梢	55
ゴヨウマツ	20
根系	103、166
混交林化	66、68、173
コンテナ苗	168
コントロール	122、126
紺野	83
根萌芽	72

さ行

最終氷期	20
細胞分裂	35、56
酒井秀夫先生	39
サクラ	80
ササ	103、105
挿し木	68、72、93
サポニン	79
散孔材	62
山武林業	183
シードバンク（seed bank）	112
シードリングバンク（seedling bank）	113
シウリザクラ	73
シカ	118、180
時間	22
自己間引き	92、95、123、130、140
自己間引きの2分の3乗則	93
自然撹乱	28、160、162、169
自然摂理	161
下刈り	166
湿度	26
シデ	79
指定施業要件	133
シナノキ	73
指標	86、99、128
師部	36
若齢段階	87、92、119、141
シュヴァルツヴァルト	16
収穫効率	154、156
収量比数	130、142
樹冠	63、95
樹冠疎密度	133
樹冠長率	128、147
樹冠投影図	96
樹形	63
樹高成長	125
樹高成長曲線	187
樹高成長の法則	154
種子	75
種子銀行	112
樹勢	44
樹木の配置	95
樹齢	50
上層間伐	141
上層木	148
照葉樹林	184
常緑樹	59
植生	98、143
植物クローン	72
植物体	150
植物ホルモン	70
白神山地	31
シラカンバ	58
芯腐れ	90
人工林	88、90、93
陣取り合戦	106
森林経営計画	133
森林計画制度	133
森林生態系	24
森林総合研究所	53
水源涵養機能	116、144
水源涵養保安林	134
スズタケ	82
生産目標	142、152
成熟期	88
成熟材	43
成熟段階	88、91、119、143、156
生態系サービス	115
生態系保護地域	119、186
成長微減説	117
生物	86、189
生物多様性	143、186
成木樹冠	80
世界一の樹高	54
施肥	165
遷移	30
全幹集材	163
潜在自然植生	30
前生稚樹	107、113、175、180
全木集材	163

195

早材	61
総成長量	153
相対幹距比	129
総平均成長量	153
「育てる木」	135

た行

台風	55
台湾	19、51、151
他家受粉	76
択伐	177
多雪地帯	173
立山杉	46
タネ	112
多年生草本	103
多面的機能	115、117、135、143、156
タラノキ	58、73
炭水化物	34
炭素貯留	150
タンニン	79
短伐期林業	135
地位	98、185
地域固有の遺伝子	186
力枝	147
地質(母材)	22、111
チシマザサ	82、166
稚樹	57
地上部	109
窒素	22、24、34、60、109、164
チマキザサ	82、166、175
着葉量	44、125、127、128
中層木	148
頂芽優勢	146
長白山	25
長伐期施業	134、141
直径成長	125
地利	185
地力低下	163
接ぎ木	68
ツツジ	81
つる植物	104、133、167
定性間伐	137
低木	81
定量間伐	137
適地適木	108、158
天然更新	66、112、114、175、178
天然林	88、106
ドイツ	16

冬芽	70、76
導管	62
東大寺	19
トウヒ	20
倒木	150
洞爺丸台風	28
土壌	98、150、163
土壌構造	23
土壌表面	144
とっくり病	157
トドマツ	58、60
トレードオフ	105
ドローン	171
ドロノキ	73
十和田湖	77
ドングリ	79

な行

内生菌	66
苗木	46
苗床	46、49、89
苗畑	39
直江将司さん	107
仲田昭一さん	171
七座山	32
二酸化炭素	34、149
西川林業	170
仁鮒水沢のスギ天然林	54
ニホンオオカミ	181
ニワトコ	81
熱帯林	150
年輪	61

は行

葉	35、41、46
バイオマスエネルギー	151
配置	186
配置の目標林型	185
裸苗	168
伐期	152
伐採区	171
ハリギリ	79
晩材	61
ハンノキ	23
光	41
光エネルギー	34
光環境	98
飛散測定	80

索引

飛散範囲	79
微生物	97
微地形	24
ヒバ	58、72
氷河期	19
病原菌	78
標準伐期	154
ピレネー山脈	21
VA菌	67
風害	134
風倒撹乱	169
複相林	91、169、171
複層林	91、170
伏条	72
藤森隆郎先生	86、115
腐植	22
不定芽	69
ブナ	79、95、97
冬の季節風	25
フライブルク市	16
分類	66
平成13年の19号台風	28
保安林	133
萌芽	69
萌芽更新	168
豊凶現象	76
豊作年	75
法隆寺	19
北米西海岸	19、150
母材	111
母樹	78
保水力	143
ポット苗	168
北方林	150
ほふく枝	104
ポプラ	73
本郷高徳	182
本多静六	182
本間航介さん	25

ま行

埋土種子	87、112、173
埋没林	50
前田禎三先生	99
曲げわっぱ	49
実生銀行	113
ミズキ	80
未成熟材	41

密度管理図	93、130、140
ミネラル	34、111
宮川清先生	99
ミヤコザサ	82
無間伐	125
無機養分	24
無節材生産	126
明治神宮の森	182
明治神宮内苑	184
芽生え	48、57、78、97
木材生産	90
目標直径	124
目標林型	123、126、146、152、190
木部	36
もののけ姫	31
モミ	20

や行

屋久杉	46、106
魚梁瀬のスギ	106
山火事跡地	58
山下直子さん	179
弥生時代	19
ユーカリ	73
溶岩	22
陽樹	58
養分	34、103、109、164
養分移動の法則	109、163
横山ら	57
吉野林業	90、190

ら行

ライバル関係	136
落葉樹	59
螺旋状	40
立木材積(林分材積)	93
リン	22、24、109
林冠	48、87
林床植物(指標)	98、99
林床植生	88
林分	185
林分成立段階	87、95、119、166
林分の発達段階の模式図	87
列状間伐	137、141
レッドウッド	54
漏脂病	159
老齢段階	89、91、118、119
老齢林	90、150

著者紹介

正木 隆 まさき たかし

　東京五輪、新幹線開業、阪神タイガース6回目の優勝という歴史的な年に東京都江戸川区に生まれる。近所に森林は皆無。空き地や江戸川河川敷の草地が主な遊び場だった。

　高校の部活（音楽関係）の顧問の先生が山好きで、いっしょに尾瀬を歩いたときに初めて森林を意識する。高校を卒業してK大学の理学部物理学科に入学したが、あるとき、本屋でどろ亀さんの本を偶然手にして森林の研究で飯が食える世界があることを知り、思い切って路線を変更。「どうせならどろ亀さんのいたところがいい」と東大の林学科になんとか入学し、落葉広葉樹林での研究で博士（農学）となる。

　平成5年に農林水産省森林総合研究所（当時）に採用されて東北支所勤務となり盛岡で10年を過ごす。その間、天然スギ林やブナ原生林の消滅に憤り、一方で秋田スギや南部アカマツの人工林の美しさを知った。その体験がこの本のエッセンスとなっている。平成17年から筑波勤務となり、研究活動の傍ら准フォレスター研修や森林施業プランナー研修の講師も経験して現在は企画部研究企画科長を務める。ちなみに、阪神ファンというわけではない。

　編著書に『森林生態学』（共立出版）、『スギの絵本』（農文協）、『森の芽生えの生態学』（分一総合出版）、訳書に『BUGSで学ぶ階層モデリング入門』（共立出版）などがある。

協　力	藤森隆郎（農学博士・森林科学者）
	酒井秀夫（東京大学名誉教授）

装　幀	根本眞一（株式会社クリエイティブ・コンセプト）
本文デザイン	野沢清子（株式会社エス・アンド・ピー）
本文DTP	森本　唯

森づくりの原理・原則
自然法則に学ぶ合理的な森づくり

2018年 5月10日　初版発行
2023年 3月30日　第3刷発行

著　者	正木　隆
発行者	中山　聡
発行所	全国林業改良普及協会
	東京都千代田区永田町1-11-30　サウスヒル永田町5F
	電話　03-3500-5030（販売担当）
	03-3500-5031（編集担当）
	ご注文専用FAX　03-3500-5039
	webサイト　ringyou.or.jp

印刷・製本所　三報社印刷株式会社

©Takashi Masaki 2018　　Printed in Japan
ISBN978-4-88138-357-5

・本書掲載の内容は、著者の長年の蓄積、労力の結晶です。
・本書に掲載される本文、図表、写真のいっさいの無断複製・引用・転載を禁じます。

一般社団法人全国林業改良普及協会（全林協）は、会員である都道府県の林業改良普及協会（一部山林協会等含む）と連携・協力して、出版をはじめとした森林・林業に関する情報発信および普及に取り組んでいます。
全林協の月刊「林業新知識」、月刊「現代林業」、単行本は、下記で紹介している協会からも購入いただけます。

▎http://www.ringyou.or.jp/about/organization.html
▎＜都道府県の林業改良普及協会（一部山林協会等含む）一覧＞

全林協の本

「原理・原則」シリーズ第2弾！
木材生産技術の原理・原則
技術の本質を学び現場に活かす

湯浅 勲　杉山 要 共著
定価：2,750円（本体2,500円＋税10％）
ISBN978-4-88138-391-9　A5判　248頁

森林生態学　持続可能な管理の基礎
藤森隆郎 著
定価：4,180円（本体3,800円＋税10％）
ISBN978-4-88138-170-0　A5判　484頁

森づくりの心得【オンデマンド版】
森林のしくみから施業・管理・ビジョンまで
藤森隆郎 著
定価：3,850円（本体3,500円＋税10％）
A5判　356頁
*オンデマンド版は、amazonへの直接注文をお願いします。

「なぜ3割間伐か？」林業の疑問に答える本
藤森隆郎 著
定価：1,980円（本体1,800円＋税10％）
ISBN978-4-88138-318-6　四六判　208頁

これだけは必須！
道づくり技術の実践ルール
路網計画から施工まで
湯浅 勲＋酒井秀夫 著
定価：2,530円（本体2,300円＋税10％）
ISBN978-4-88138-284-4　A5判　230頁

実践経営を拓く　林業生産技術ゼミナール
伐出・路網からサプライチェーンまで
酒井秀夫 著
定価：3,960円（本体3,600円＋税10％）
ISBN978-4-88138-275-2　A5判　352頁

お申し込みは、オンライン・FAX・お電話で直接下記へどうぞ。
（代金は本到着後の後払いです）

全国林業改良普及協会
オンラインショップ全林協
ringyou.shop-pro.jp
ご注文FAX 03-3500-5039
TEL03-3500-5030　送料は　律550円。
5,000円以上（税込）お買い上げの場合は1配送先まで無料。
Webサイト　ringyou.or.jp

林業改良普及双書No.145
森の時間に学ぶ森づくり
谷本丈夫 著
定価：1,210円（本体1,100円＋税10％）
ISBN978-4-88138-134-2　新書判

写真解説
山の見方　木の見方
森づくりの基礎を知るために
大橋慶三郎 著
定価：3,520円（本体3,200円＋税10％）
ISBN978-4-88138-285-1
A4判　136頁　カラー（一部モノクロ）

鋸谷式間伐　実践編　なるほどQ＆A
森林の健全度を高めよう
鋸谷 茂 編著
定価：1,650円（本体1,500円＋税10％）
ISBN978-4-88138-243-1　B5判　80頁

木材とお宝植物で収入を上げる
高齢里山林の林業経営術
津布久 隆 著
定価：2,530円（本体2,300円＋税10％）
ISBN978-4-88138-343-8
B5判　160頁　オールカラー

「読む」植物図鑑　vol.1 ～ 5
樹木・野草から森の生活文化まで
川尻秀樹 著
定価：vol.1,3,4　2,200円（本体各2,000円＋税10％）
　　　vol.2　　 2,420円（本体 2,200円＋税10％）
　　　vol.5　　 2,310円（本体 2,100円＋税10％）
ISBN978-4-88138-180-9（vol.1）　352頁
ISBN978-4-88138-200-4（vol.2）　510頁
ISBN978-4-88138-338-4（vol.3）　300頁
ISBN978-4-88138-339-1（vol.4）　348頁
ISBN978-4-88138-388-9（vol.5）　392頁
四六判